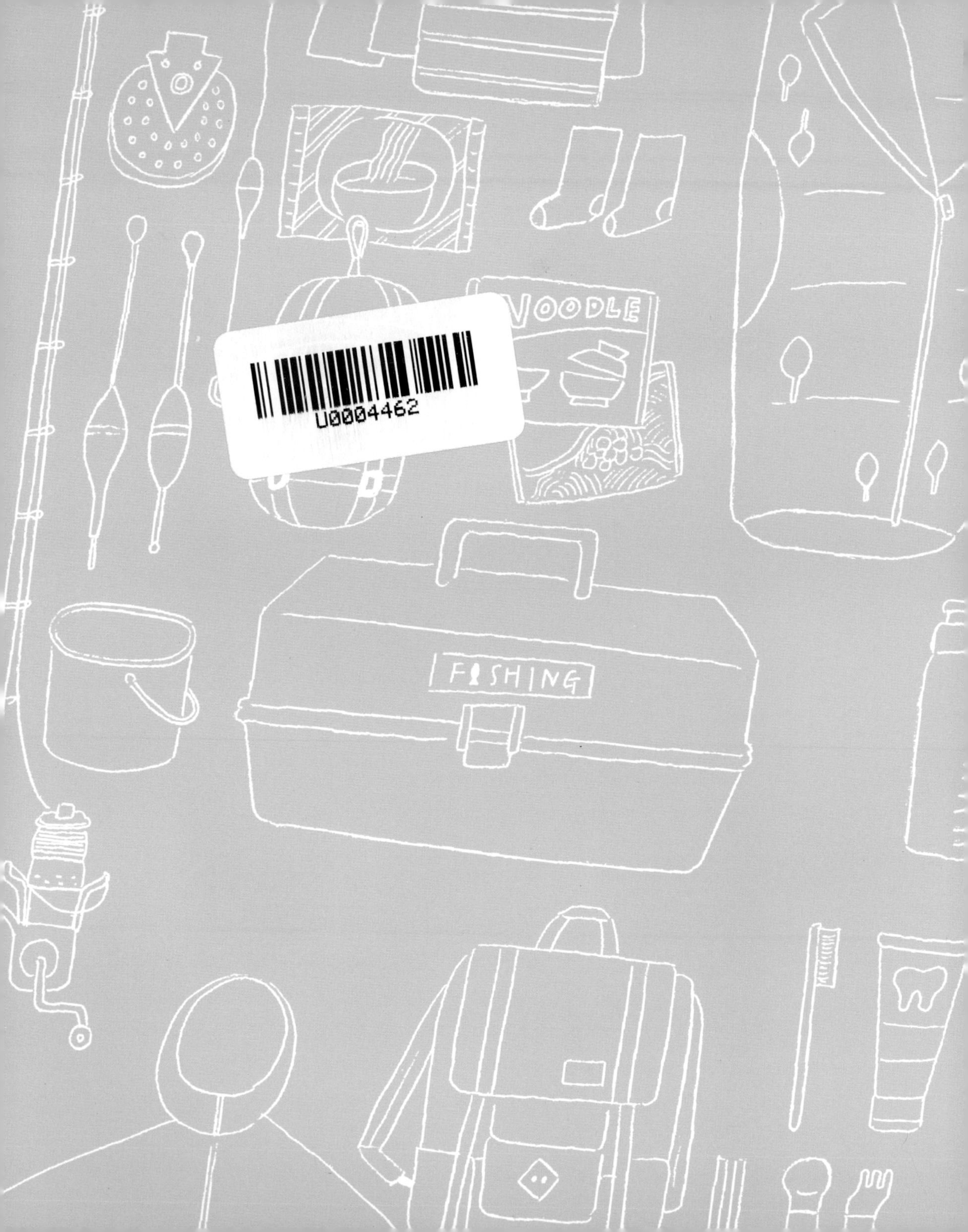
FISHING

TRUFFLE
RY
FRUIT
GRANOLA
Crêpe
DOG
DOG
Food

荒島食驗家 1

過貓泡麵

王宇清　文
rabbit44　圖

目次

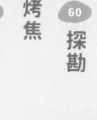

人物介紹

妲雅

家境富裕，因此吃遍世界各地的美食，對於食物的味道非常講究，常跟著媽媽去參加烹飪課，夢想當廚師，卻從來不敢讓別人知道。

諾諾

大型獵犬，安靜穩重，全身雪白，因此叫做Snow，但凱文和妲雅都叫牠諾諾。

凱文

妲雅的哥哥，十八歲。立志成為出色木工的他，原本打算到島上採集各種木材，偷偷進行著不被豪門世家所允許的木工修煉之路。

阿海

魚販之子，對水產有一定的了解，酷愛釣魚，也會處理食材。皮膚黝黑，爽朗單純，喜歡開玩笑的個性，有時容易惹怒別人。

蘇蘇

有豐富露營經驗，具有基本露營能力的女孩，植物狂熱者，喜歡採集、觀察植物。個性木訥、說話不修飾，經常沉浸在自己的思考中，使得妲雅覺得她自以為是。

作者的話

料理食驗家，集合！

王宇清

雖然從小到大學習了不同的知識，像是國語數學自然、美術作文書法……但我發現自己其實有點像個「生活阿呆」。

怎麼會這樣呢？

反省了一下，雖然在升學學科或才藝上花了不少工夫，但對日常裡的事務卻極少關心，更少實作。許多事情都可能由長輩分擔——例如：洗衣、打掃、煮飯等。

其實，生活上的事務，並沒有想像的那樣簡單。這些事務的確挺累人的，讓人望之生畏，想溜之大吉。可是，當我們想到麻煩和辛苦而不願動手，實際上也因此犧牲掉更多的東西。

準備食物，便是人的生活中，不可缺少的重要環節。日復一日料理三餐，就是充滿挑戰的事。享用食物不需花太多時間，準備食物卻要花費不少時間和心力。不僅要體力，更要智慧，還有創意。

在準備一餐的過程中，也可以觀察到許多有趣的事物和現象，思考很多問題；事實上，準備一道餐點的過程，就是一個解謎、完成任務的遊戲過程呢！而最棒的是，美味的食物總能帶給人們最直接的幸福。看見享用餐點的人臉上滿足的表情，更是無與倫比的成就感。

寫這個故事，像是給我自己的提醒，也是對讀者的邀請。讓我們一起試著體驗動手烹飪，享受當大廚的樂趣吧！

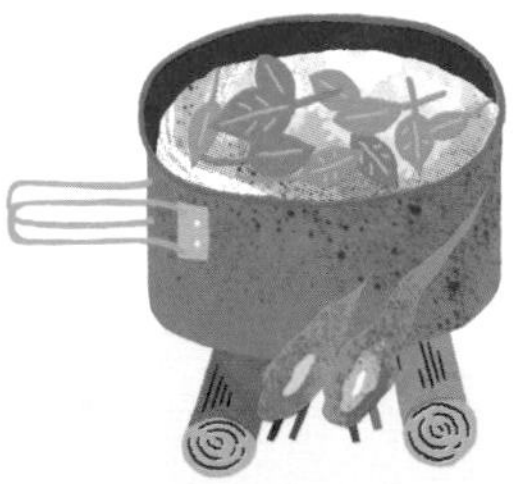

過貓泡麵是什麼滋味？

汪仁雅｜繪本小情歌

人生總有無法預期的轉折與挑戰，《荒島食驗家》的故事就是這樣開始的。凱文、妲雅、阿海和蘇蘇，本來要參加小島露營活動，卻意外到了荒島。在等待救援的日子裡，運用手邊的物件與食材，體驗野營帶來的樂趣與試煉。他們從手邊可得的食材發揮想像，做出各式不同搭配，享用食物的原型原味。每道菜都是一次小小食驗，在想像與實踐之間有更多可能，品嘗食物獨特的好味道。

讀著讀著，烤地瓜、烤魚、牛肉咖哩麵的香氣在書頁間四溢，忍不住想像過貓泡麵該是怎樣的好滋味？真想馬上捲起袖子試試！美食的實驗和滋味，消解了荒島求生的不安與焦慮，宇清老師的文字流暢清雅，與美食相映相佐，真好！

紙上美食實境秀，開演嘍！

顏志豪—兒童文學作家

從小，我就是一個愛吃的小胖子。

最後，我愛上烹飪，還差點跑去當廚師。

我有個行李箱，裡頭裝滿蒐集來的寶貝廚具，只要週末有空，我就會拖著它，拜訪朋友。

他們總是大喊：「流浪廚師又來做好料囉！」

我租的地方沒有廚房，他們都猜的到：我的烹飪癮又發作了！

所以，當我閱讀到《荒島食驗家》系列作品時，我是多麼興奮！

遊艇事故，四個小朋友要在荒島上做飯求生。

他們必須在荒島上尋找食材，還要克服各種突如其來的困難；他們必須分工合作，發揮創意，才能創作出一道道料理，讓自己活下去。

這根本就是荒島求生美食實境秀節目。

我真的被這個系列深深吸引，不知道這幾個超有個性的小朋友，接下來還要在這座荒島上，創作出什麼樣有趣的料理。

我好想知道。

「怎麼辦……錯過了……」

兩個小學生氣喘吁吁的跑進珊瑚碼頭，他們預定搭乘的船班已在五分鐘前啟航，現在像一艘小玩具船在海面上漸行漸遠。

「啊——該怎麼辦啦……」還記得主辦單位特別叮嚀，一定要準時，超過時間，船不等人，但他們仍舊錯過了。男孩懊惱的一屁股坐下，大包包裡的某樣東西撞到地板，發出響亮的框啷聲。戴眼鏡的女孩沉著臉，不吭一聲。

「唉……」

「叭叭叭！」正當兩人不知所措，突然一輛黑色大轎車疾駛而來，又瞬間急煞車。

男孩嚇得跳起來，還因過重的背包踉蹌兩步；女孩微微側身，伸手扶了男孩一把。

身穿西裝的司機迅速下車，打開後車門，一個看起來和他們同樣年紀的女生彷彿公主般下了車，一身粉嫩的打扮，像是來搭豪華郵輪的旅客。

只見司機又打開後車廂，搬出兩個大旅行箱，畢恭畢敬的送到那女生面前。

「哇！這旅行箱都要比我還高了！」男孩吐了吐舌頭。那女生凶巴巴的轉過頭，白了男孩一眼。

「祝小姐露營活動順利！」司機恭敬的對著女孩鞠躬後，轉身開著車走了。

「什麼？不會吧！你也要去露營！」男孩發現自己叫得太大聲時，已經太晚了，因為那個女生給了他一個更大的白眼。

「哈囉……那個……去露營的船已經開走了，我們都遲到了……」男孩好意提醒那女生。

那女生哼了一聲，撇過頭去，插著手，看向前方的碼頭。

不一會兒，一艘閃著耀眼光芒的小遊艇快速駛進碼頭。一個帥氣的青年從船上大喊：「妲雅——我來了——！」

「吼！快點啦！怎麼那麼慢！」洋裝女孩大聲抱怨著。

停好船，青年快步跑了過來。

「抱歉抱歉，我們快走吧！」

青年看到一旁的男孩和女孩，好奇的問：「你們也要去參加小島露營嗎？」

「嗯，但我們錯過船班了。」男孩的語氣像隻被遺棄的小狗。

「那你們也上船吧！剛好跟我們一起去。」青年爽快的說，「我叫凱文，這是妲雅。」

名叫妲雅的女孩一聽青年這麼說，立刻大聲抗議：「什麼？他們要一起喔！」

「真的嗎？謝謝凱文哥哥！蘇蘇，我們有救了！」男孩興奮的拉著名叫蘇蘇的女孩，轉身就要往船上走。

蘇蘇猶豫了一下，她知道若是錯過這個機會，自己期待已久的露營就要泡湯了。

「謝謝您。」她輕聲道了謝，才往遊艇走去。

「快上船，我要給你們一趟豪華快艇之旅！」

「耶！」男孩開開心心跑上船。

「你叫什麼名字？」凱文問。

「阿海。」男孩中氣十足的回答，「她是蘇蘇。」

「你們是同班同學嗎？」凱文問。

「不是耶！」阿海搖頭，「我們搭同一班長途客運，因為背包太大，卡在走道上認識的，超尷尬的！結果因為路上大塞車，也一起錯過了船班。」

「一想到能在一座小島上露營兩個禮拜，我超興奮的！還好有你，凱文哥！」阿海話匣子一開，呱啦呱啦說個不停。

凱文也一直和阿海聊著，完全沒察覺妹妹的臉越來越臭。

蘇蘇扶著船沿搖搖晃晃走到甲板後方坐下，這才發現，這艘豪華新穎的遊艇上，竟然有隻身型巨大的白狗，一動也不動的蹲坐在甲板上，精神抖擻的黑眼珠直直看著蘇蘇。

「別亂碰我家諾諾！」妲雅說。「牠不喜歡陌生人，只聽我家人的話。」

蘇蘇對諾諾露出了一個淡淡的微笑，原本紋風不動的諾諾，竟立刻跑到女孩身邊，熱情的蹭著她的腳。

「諾諾！」妲雅白皙的臉漲得通紅，但諾諾仍舊像條傻狗一樣舔著蘇蘇的手。

一旁摀著嘴偷笑的阿海，後來忍不住哈哈大笑起來。

「出發囉！」凱文吹著口哨，愉快掌著舵，將遊艇駛離碼頭，在蔚藍的海面劃出一條奔放的白線。

「好棒的船喔！」阿海興奮的東摸西碰，黝黑臉龐上的雙眼閃閃發亮。

「哼……大嗓門的鄉巴佬。」妲雅對於先前阿海的嘲笑記恨到現在。

「好舒服喔——耶——」迎著海風，阿海誇張的大叫，絲毫不在意妲雅的訕笑。

「很讚吧！」凱文也洋洋得意，「全新的，幾天前才剛剛拿到的船喔！你們是第一批乘客！」

海風強勁涼爽，陽光溫暖燦爛。今天的確是露營的好天氣！

一開始在船上看海，愜意極了；陽光漸漸變得毒辣，三個孩子開始感覺頭暈，凱文便要他們到船艙裡休息。

過一會兒，凱文也進來了。

「哥哥不用駕駛嗎？」阿海看到凱文感到奇怪。

「這艘船具有最先進的自動駕駛功能，只要設定好目標，就會自動前進喔！」凱文談起這艘船，滿意得不得了。

「哇——真厲害——」阿海聽都聽傻了。

「哼！」妲雅覺得阿海好吵，而那個總是一句話都不說的蘇蘇又讓妲雅覺得很高傲、不愛理人；再加上諾諾一直待在蘇蘇身邊，讓妲雅心裡很不是滋味。

漸漸的，阿海和蘇蘇因早起趕車而打起了瞌睡，妲雅縮在一角邊寫著筆記邊生悶氣，凱文則喜不自禁的一一檢視船艙裡的設備；電視裡傳出的音樂聲、對話聲以及遊艇的馬達聲，充滿整個空間。

突然，所有的聲音都嘎然而止。電視畫面也在幾秒鐘的閃爍後成了一片漆黑。

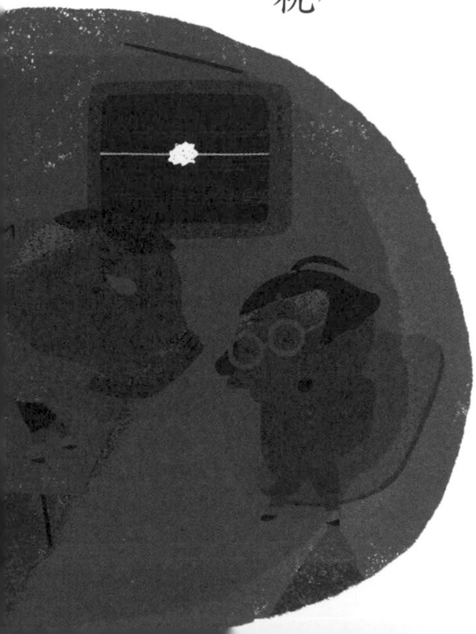

「咦？怎麼回事？」凱文十分擔心他的寶貝遊艇，想要走到外面檢查儀器。

三個孩子因突來的死寂而警醒，諾諾突然激動得對著船艙外面狂吠，彷彿十分不安，他們同時察覺到，船艙裡的空氣流動變得很奇異，好像正在穿越一種透明的、果凍般的膠質。

咚！

下一刻，一陣劇烈的晃動，遊艇撞上了某種堅實的東西，震得他們從沙發上摔下來，妲雅發出尖銳的驚叫。

他們全身發抖，完全反應不過來，只能驚恐的你看我、我看你。過了好一陣子，凱文率先站起身來走出船艙，三個孩子勉強跟上；四人吃驚的發現：他們的船竟已經擱淺在海灘上！

「怎麼可能？我明明就設定好衛星定位和自駕呀！」凱文快步走到駕駛艙，更驚訝的發現另一個事實：船的動力全失！

凱文試過所有的可行方法，遊艇依然動也不動的待在沙灘上，船的動力消失得一乾二淨，當然，所有的電器設備都失靈了！

「怎麼會這樣！」不只三個孩子，連凱文都慌亂起來。

「會不會我們其實已經到了，只是速度太快才衝上了岸？」妲雅還抱著一絲希望。

「或、或許吧！」凱文滿頭大汗。

可是這附近看起來沒有船隻，也沒有人。

「我記得有些神祕的海域，會讓船隻甚至飛機莫名失蹤，我們搞不好就遇到了！」阿海興奮的說。

「不要亂講話！烏鴉嘴！」妲雅生氣了。

「對、對不起……」阿海知道自己開玩笑開過頭了。

「不能求救嗎？」蘇蘇的聲音冷靜，但臉色鐵青。

「通訊設備完全故障！怎麼會這樣？」凱文不可置信，仍不斷撥打電話。所有的訊號似乎都被阻斷了，話筒完全靜默無聲。

「那我們該怎麼辦？」阿海終於意識到事態嚴重了。

「主辦單位知道我們沒到，一定會通知家人，我爸一定很快就會派人來找我們的！」妲雅叉著胸，信心十足。

「那在等人來救我們的時候，先下船逛逛吧！」阿海說。「這裡的沙灘好美，風景也很棒，說不定是個度假勝地喔！」

的確，這個島很漂亮。

純淨潔白的沙灘，平坦寬闊，從岸邊向內陸鋪展了大約五十公尺後，銜接著一段矮矮的黃土坡緩緩而上；上了土坡，植物突然茂盛的生長，先是一片翠綠的野原，再由整片蓊鬱的樹林占領了小島，直到視線被一座矗立在島中央的山打住為止。

妲雅想起了以前到訪過的國外旅行勝地，如果這裡也有在地美食，那就更完美了。

而蘇蘇則為放眼所及的綠色植物感到興奮不已，她就是為了觀察植物參加活動的！

海浪緩緩翻動，遠方傳來舒緩的海鷗叫聲。

「喂——有人嗎？」阿海用手掌做成大聲公，大聲叫喚。

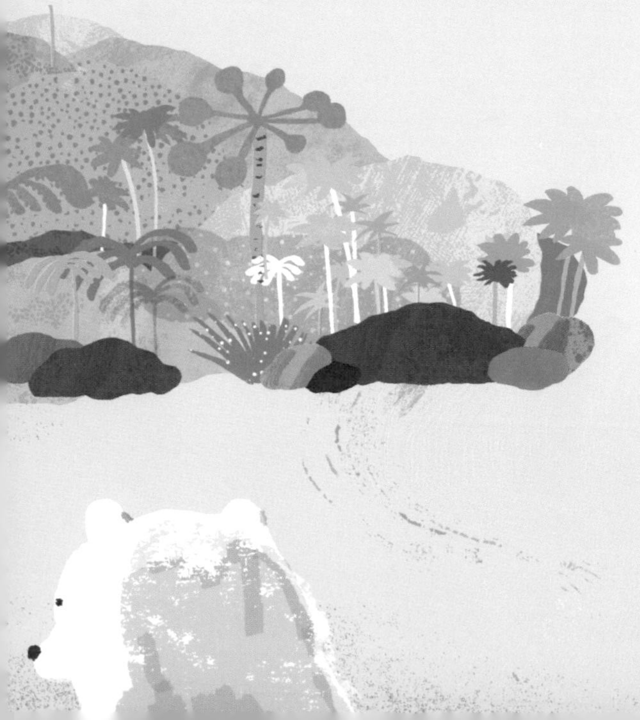

「哈囉——有人嗎？」凱文聽了，也跟著叫。

他們不斷呼喚，卻沒有任何回應。四人帶著諾諾沿著海灘走了好一陣子，依然沒有看見半點人影。直到繞過一處大灣，突然失去了遊艇的蹤影，凱文緊張的要大家趕緊往回走，以免錯過來找他們的人。

肚子餓

太陽已經升到頭頂上，肚子像提醒吃午餐的鬧鐘響了起來。

「船上有東西吃嗎？」妲雅想吃東西的渴望越來越強烈。

凱文抓抓頭，很不好意思的說：「本來除了冰箱，還有電磁爐和熱水瓶，但現在沒有電力……船上是有一些東西……不過沒有辦法煮了……但是還有一些零食……」

凱文吞吞吐吐，一邊看著妲雅。

「天啊……怎麼這樣啊……」妲雅對哥哥很失望。

「那就只能先吃零食了。」阿海見狀，馬上從背包裡掏出兩包洋芋片，「呼，還好我擔心路上無聊，加買了一些。」

「我也有一些……」蘇蘇說著，從背包裡拿出幾包餅乾。

只見一旁的妲雅，正得意洋洋的從行李箱拿出一些食物。

「哇！那是什麼啊！」阿海瞠目結舌。妲雅拿出來的點心，是他完全沒看過的外國零食，他連包裝上的字都看不懂。

「這是法國最有名的可麗餅餅干和日本老舖做的曲奇餅。」妲雅很高興自己的零食讓這鄉巴佬開了眼界，他怎麼可能吃過這麼高級的東西。

「是魔女宅急便的『琪琪』餅乾嗎？」阿海第一次聽到。

「是『曲奇』！」妲雅不喜歡別人對食物失禮。

「我這邊也有一些，大家一起吃吧！」凱文憋住笑，馬上進船艙拿出餅乾，大方的和阿海、蘇蘇分享。

「謝謝凱文哥！」阿海開心的大把抓、大口嚼，「哇——這是什麼餅乾啊？超香超脆超好吃的！」

「那是法國的松露洋芋片，請你吃慢一點，仔細品嘗味道好嗎？」妲雅心疼的看著阿海「糟蹋」美食，對哥哥就這樣輕易把家裡的好吃零食分給別人，感到捨不得又生氣，但又怕別人說她小氣，只好邊吃著自己的東西邊生悶氣。

熱愛觀察植物的蘇蘇一聽到「松露」，眼睛一亮，怯怯的伸手拿了一片，先觀察了一會兒，又聞了聞，這才放進嘴裡。

「有一股特殊的香氣耶！那就是松露的味道嗎？」蘇蘇睜大眼睛問。

「哈哈！應該是吧！但我覺得阿海的辣味洋芋片更好吃耶！」凱文笑咪咪的回答。

吃了幾口，凱文又回船艙拿了一些東西下來。

「配著喝吧！大家一定口渴了。」凱文邊說，邊遞給三個人一人一瓶飲料，「我放了幾瓶氣泡水在冰箱，幸好還是冰的。」

「耶！凱文哥最棒了！」阿海迫不及待扭開瓶蓋，咕嚕咕嚕的喝下肚了。

「諾諾過來吃飯！」凱文呼喚著在一旁靜靜待著的狗，手裡拿著一盒打開的罐頭。

「什麼！咳咳……南瓜牛小排焗馬鈴薯！」看到諾諾的罐頭，阿海被氣泡水狠狠嗆了一下，看起來好好吃呀——好想吃喔！

凱文十分大方，阿海和蘇蘇兩人吃得飽飽的。尤其是阿海，直嚷嚷著這輩子沒吃過這麼好吃的餅乾！

「我們應該要生個營火。」蘇蘇突然冒出這句話。

「幹麼生營火，天氣又不冷。」妲雅說。

「營火的煙可以當求救信號。」蘇蘇說。「還可以趕蚊子。」

「對耶！你反應好快！」凱文稱讚著，「我們的確應該生營火，讓遠方的船隻注意到我們！」

「贊成！」阿海附議。

「誰會生火？」凱文搔搔頭，「船上沒瓦斯，也沒有火柴。」

「啊——那怎麼辦？」無法求救讓妲雅氣急敗壞。

「只要有工具，我會。」蘇蘇說。

「什麼！你會？」阿海感到不可思議。

「我沒辦法鑽木取火，但有火柴或者打火棒我應該辦得到。」

蘇蘇認真的眼神看起來不像是開玩笑。

「啊！」凱文突然想到什麼。「妲雅，媽媽不是幫你準備了一箱露營工具。」

「好像有，但是我不清楚。」妲雅不喜歡哥哥動她的行李。

凱文走向其中一個行李箱，翻找了一陣。

「是這個嗎？」凱文手上拿著一根長約十公分，像鉛筆一樣細瘦的黑棒子。

「對。打火棒。」蘇蘇點頭，「還要一把小刀。」

凱文又從行李箱裡，拿出一把野營用的刀子。

接著，他們回到海灘上，依照蘇蘇的指示，去找乾草和樹枝。

凱文讓諾諾陪著兩個女生留在原地，自己領著阿海爬上黃土坡，越過野原，進到樹林中。

不一會兒，兩個男生就抱著粗細不一的樹枝回到沙灘。

「這邊有好多木材，好棒喔！」凱文像是撿到寶藏一樣開心。

「我們還需要乾草。」蘇蘇檢查了他們帶回的東西後提醒。

「我去拿，我知道哪裡有。」阿海跑上坡，彎腰從草叢裡抓了一把乾草，「快遞」回來。

蘇蘇將乾草攏成一小堆，接著拿起打火棒，靠在乾草堆上，再用小刀快速的劃過打火棒，果然冒出火星。

「成功了！」眾人一陣歡呼。

可是，火星只在乾草堆上閃爍了一下，馬上又消失了。

「加油！」大家都不願放棄。

就這麼重複了好幾次，好不容易，乾草堆燃起了一簇小火苗。

但火苗根本來不及壯大，乾草堆就被燒成灰燼，火也熄了。

「呼，沒想到生火這麼麻煩……」阿海連跑了好幾趟運乾草，累得坐在沙灘上喘氣。

「唉唷！討厭！該死的蚊子！」妲雅彷彿人生第一次被蚊子咬到般誇張慘叫，連忙掏著自己的背包找防蚊液。

天色越晚，蚊子就越來越多，每個人或多或少都被叮了幾包。

幸好，當時主辦單位要他們帶防蚊液和藥膏，這時派上用場。

這時，大家更期待營火升起了。

「我們應該先架好樹枝，在下面放好足夠的乾草，等到乾草燒起來，就有樹枝可以接替。」蘇蘇思考了一下，決定調整方法。

可是，火總是在乾草點燃，碰到樹枝後又熄滅。

阿海為了讓火旺盛起來，趴到了沙灘上，朝著火苗狂吹氣。

「為什麼還是點不著啊？」阿海有點沮喪。

「應該是木柴太過潮溼。」凱文說，「不同的木頭含油脂的成分也不一樣。應該先用容易點燃的、比較細的樹枝……而且樹枝間要留空隙，讓空氣進去才能幫助燃燒。」

STEP 1
STEP 2
STEP 3
STEP 4

他們不斷嘗試，一起小心翼翼的呵護著小小的火苗，再由凱文依序加入細的樹枝，接著是較粗的樹枝；總算在匯集了火、乾草堆、乾木柴、空氣這些要素後，把火點燃了！當火舌在樹枝上穩定的蔓延開來時，大家不禁激動的擁抱在一起（妲雅馬上一臉尷尬的退開了）。

「耶！」看著火光越來越旺，阿海忍不住歡呼起來。

每個人都對點燃希望的火光感到滿意。

晚餐

在生火成功的歡欣鼓舞之後，大家漸漸陷入沉默。浪花不斷拍打著小島，卻沒有帶來任何一艘船。

他們圍坐在火堆前。火看起來好溫暖，卻也有點寂寞。

「蚊子真的被煙燻走了耶！」阿海找了個話題打破沉默。

「真的！還好蘇蘇有提醒我們，」凱文說。「不然可慘了。」

「我們應該要先確認每一個人的裝備，以防萬一。」蘇蘇說。

「什麼萬一啊？烏鴉嘴。」妲雅堅信爸爸馬上會派人來救她。

「我覺得蘇蘇說得很有道理，救援的人也許需要一些時間搜查我們的位置，應該很快就到，但我們還是先確認有什麼東西可以用比較保險。」凱文說。

竟然連哥哥都挺那個看起來很臭屁的蘇蘇，妲雅很不開心。

「大家趁天黑前把背包裡的東西拿出來，清點一下。」

凱文說完後便上船艙清點自己的物品，蘇蘇和阿海馬上打開背包，逐一把東西拿出來擺好。盥洗用具和衣物以及睡袋，是基本的裝備；此外，主辦單位還要求每個人準備個人藥品、雨具和餐具（碗、筷、湯匙）。

「哈哈哈！怎麼會有人帶書！」阿海瞥見蘇蘇從包包拿出一本書，「野外植物圖鑑，哇，這是磚頭吧！超——重耶。」阿海做出搬不動的誇張姿勢。

蘇蘇面無表情，把書搶了回來，「你包包裡的東西又是什麼？」蘇蘇的鏡片發出冷光。

「不會只有垃圾零食吧……」妲雅趁機報仇。

「嘿嘿——」聽到這個問題，阿海簡直整個人發出亮光。他故作神祕的從包包，彷彿萬眾期待般，慢慢拿出一樣東西……

「將將！」

「釣竿？」妲雅有點吃驚，「主辦單位不是有準備嗎？」

「這次野營安排的釣魚活動，大概就是初學者的體驗！像我這種真正的釣魚高手，當然要自己帶釣具啊！」他寶貝的親吻裝浮標的塑膠盒子。「可惜只能帶簡單的釣竿。你們看，這些是我心愛的幸運浮標。」

「噁心，你好奇怪喔，釣魚宅男。」妲雅說。

「那你的呢？兩個行李箱都還沒打開喔——」阿海不懷好意的盯著妲雅。

「我……才不想給你們看！」

「裡面有不可告人的祕密吧——」阿海瞇著眼睛。

「你！你閉嘴！」

「呵呵呵呵——」

妲雅真想揍扁白目的阿海，她最受不了人家挑釁她——唰！唰！妲雅一口氣「開箱」。

「哇！」阿海吃驚的喊，「也太多東西了吧！這……」

兩口箱子中，一個裝個人盥洗物品，及大量摺疊整齊的衣物（當然是粉嫩系列）以及一個輕巧的睡袋。另一個則是一應俱全的露營用品及可觀的食品（幾乎是一家人出門露營的裝備了）。

「你不准碰！」看到阿海伸手要碰自己的行李，妲雅大吼。

「唉唷，這麼兇，不碰就不碰。」阿海假裝做出害怕的樣子。

「你說誰兇！」妲雅正要反擊。

「這些東西應該用得上……」不知何時，蘇蘇蹲在地上檢查妲雅的物品。

「喂！誰說你可以碰啊……」

「好了好了！」恰巧回來的凱文出聲阻止，「妲雅，冷靜。」

凱文也蹲在蘇蘇身邊一起查看妲雅的裝備，裡面包括：

★一頂全新四人帳篷

★三件組野炊鍋具（一大一小兩個湯鍋、一個煎鍋）

★高級果乾、零食、各種口味有機麥片

★國外知名飯店特製牛肉咖哩（真空包）

★衛生紙（好幾包，而且是有美麗圖案的）

★筆記本

★藥箱

★電池、超省電超亮LED手電筒

★大小兩把櫸木刀柄的不鏽鋼折刀

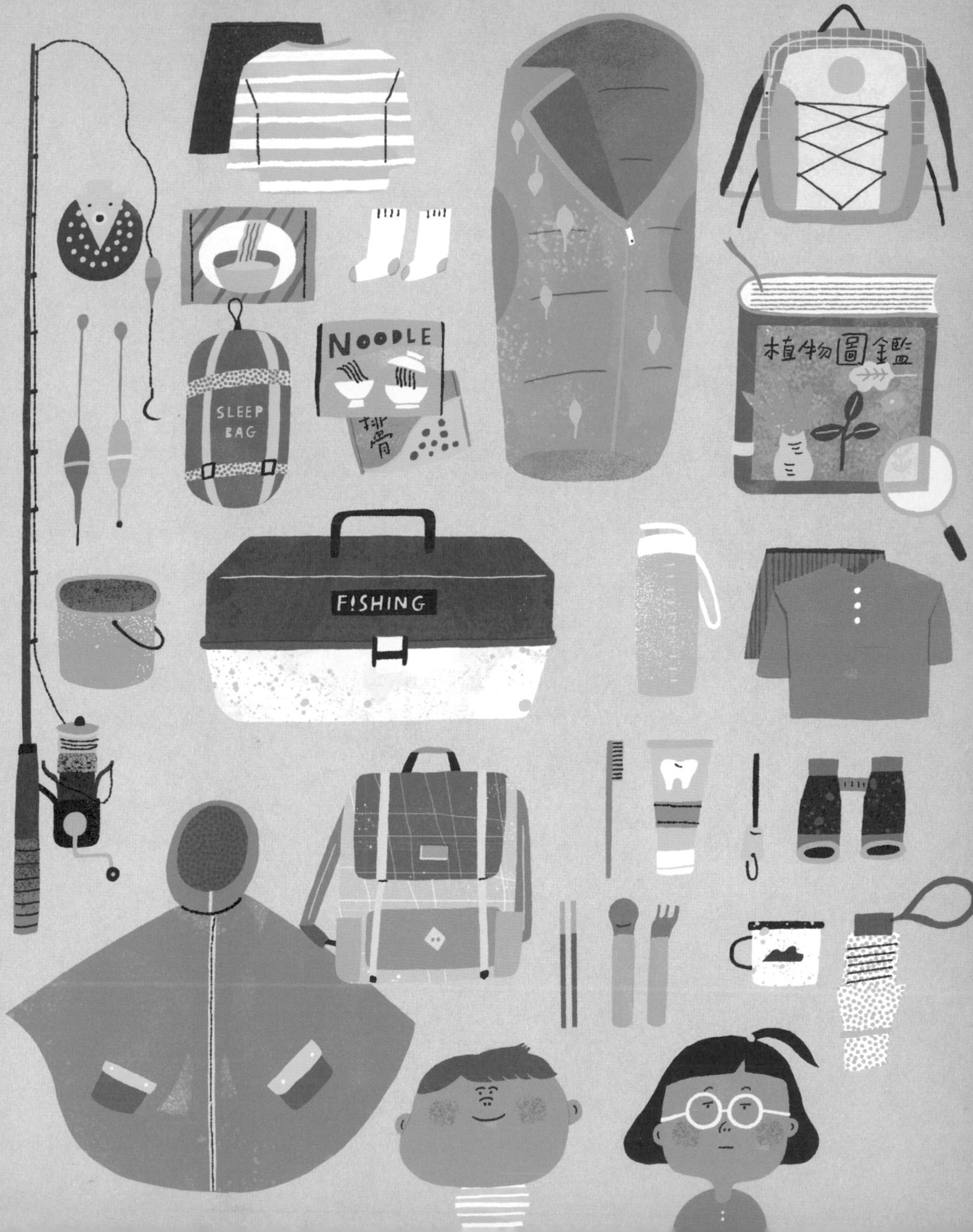
NOODLE
排骨
SLEEP
BAG
植物圖鑑
F!SHING

牛肉
CURRY
CURRY
TRUFFLE
FRUIT
GRANOLA
Crêpe
AQUA
WINE
DOG FOOD
泡麪
NOTE

「真的很專業……」

蘇蘇像是評審老師一樣的口吻，讓妲雅惱火。

「這可是我媽為妲雅千挑萬選的頂級用品，花了不少工夫呢！而且，因為塞不下，已經拿掉很多東西了。」凱文在一旁補充說明。

「我原本想趁這個機會到小島待幾天，蒐集木工用的木料，所以船上大多是鋸子、柴刀這類的工具，還有簡單的衣物和被子，加上幾瓶飲用水和諾諾的食物。對了，還有一瓶葡萄酒，用來慶祝新遊艇首航的。」凱文說著說著，自己都有些不好意思了。

「我想，雖然我們有食物，但還是要儲備一些比較保險。」蘇蘇提醒大家。

「嗯，等待救援也許需要幾天的時間，大家就忍耐一下吧！」凱文也贊成。

天色已經暗了，還是沒有等到救援的船出現。時間雖然難捱，但肚子餓的鬧鐘總是準時響起。「肚子好餓……好想吃點熱呼呼的食物喔！」妲雅對食物有種異常的堅持。

「嘿嘿嘿……」阿海神祕兮兮打開背包，拿出一包泡麵、兩包泡麵、三包……「這是壓箱寶！口味齊全，任君挑選。」

「哇，你是來露營還是吃泡麵的？也太誇張了吧！」妲雅不斷轉動她的大眼睛。

「出、出門當然要吃泡麵啊！你們不愛嗎？」阿海嘟著嘴。

「很喜歡。」蘇蘇微微點點頭。

「其實……」爽朗的凱文不知為何有些吞吞吐吐，「我船上也準備了一箱。」

「凱文哥果然好品味！」阿海比了大拇指，並且親熱的把臉湊到凱文旁邊：「什麼口味的？」

「吼！」妲雅不可置信的瞪著哥哥，「我要告訴媽媽，你竟然在外面偷吃泡麵！一箱！你在外面都亂吃對吧！」

已經十八歲的凱文，雙手合十，對妹妹妲雅做出求饒的動作。

「拜託別跟媽媽說，她知道我吃泡麵一定會宰了我的！」但是凱文不敢跟妹妹說的實情是，爸爸每次帶他出海，只要媽媽不在身邊，他們就會吃泡麵。家裡最愛吃泡麵的，恐怕是爸爸。

「哇，你們家管好嚴喔！真可憐啊，凱文哥。」阿海臉上滿是同情。

「要你管！」妲雅面露慍色。

火越燒越旺。凱文和阿海搬來石塊堆起簡易的爐台，阿海似乎很熟練，用妲雅的鍋子把水煮開，丟進泡麵。不一會兒，香氣四溢。對肚子餓的他們來說，整個世界彷彿全浸泡在美味的泡麵裡，喔耶！

今天晚上雖然要在這個荒島上過夜，但想到明天應該會有人來救他們，就很想大吃一頓。

「阿海，你很會煮泡麵耶！」凱文見阿海煮得有模有樣，也躍躍欲試。「可以教我怎麼煮嗎？」

「那有什麼問題，我會把畢生絕活都傳授給你的，來，叫一聲師父！」阿海大方的讓凱文接手。

「只是泡麵而已，有什麼難的。」妲雅不以為然，但媽媽不准她吃，她當然從來沒有泡過泡麵。

「這你就不懂了，時機要抓得剛剛好，水也加得剛剛好，麵才會好吃。可惜現在沒有其他配料可以加，不然就知道我的厲害。」

「哇！厲害。」凱文打從心底佩服。

阿海得意洋洋，「我可是泡麵之神呢！」

「呵，要不是我有鍋子，哪能煮水啊！」妲雅翻白眼。

「欸——」阿海瞪大眼睛，「有道理耶，真謝謝你了。」

「這有什麼好吃的……」妲雅看著包裝袋抱怨，「牛肉風味……這裡面怎麼可能有牛肉？」

「欸——拜託！這是我最愛的牛肉，還特別留給你耶……」

阿海覺得很受傷。「不然把你的牛肉調理包拿出來分享啊！」

「我才不要。」妲雅斷然拒絕。

「小……」

阿海正想說小氣鬼，但一看妲雅那不好惹的凶巴巴面孔，馬上把話和脖子一起縮了回去，若無其事的吸著麵。

雖然挑剔著，但妲雅一口接一口，這俗氣的泡麵竟有種撩人食慾的魅力。

營火邊，大夥兒唏哩呼嚕吃著泡麵，不時啜一口鹹香夠味的湯，胃和心靈都變得暖呼呼的。

他們相信，明天、不，說不定今天半夜，或者等一下，就會有人來救他們了！

失眠之夜

一到夜晚，整個島的氣氛全變了，好像被世界遺忘了。大自然的蟲鳴鳥叫，聽起來變得有幾分可怕。

「這裡好像真的是無人島耶……」阿海說，「天啊，會不會有野獸！」

一說到野獸，野狼、毒蛇、鬣狗、老虎（阿海甚至想到恐龍）立刻閃著邪惡的眼光，出現在每個人的腦海中……

「好可怕……」

大家決議今晚在船艙過夜，雖然擠了點，但相對會安全一些。還好有諾諾在一旁靜靜守護，巨大的身影，讓大家都安心不少。在一個無人的荒島上，而且，不知道要待多久……夜裡只有幽微的月亮、海浪聲，還有風聲，除此之外是一片寂靜。

該是熄燈睡覺的時候了，但妲雅堅持開著手電筒。

「應該節省電力。」蘇蘇說。

「我就想開著怎樣，這是我的手電筒。」妲雅說。

「嘻嘻，你該不會怕黑吧。」阿海說。

「誰！誰怕黑啊！」妲雅大聲吼了回去，就蓋著頭不說話。

她從小就怕黑，每天都開夜燈睡覺，還要媽媽哄睡。

「放心，我和諾諾會在外面守著，你們不用害怕。」凱文說。

「我就是要開燈。」妲雅堅持，蘇蘇也不再回話。

「啊……我們都休息吧！」阿海感覺到氣氛不對，趕緊轉移話題。「累了一天，明天，明天，明天還有很多事情要忙呢！」

「明天就會有人帶我們回去了。」妲雅冷冷的說，但她發現自己的聲音有點哽咽，所以硬是壓低了聲音。

明天，會有人來救我們嗎？每個人都抱著期待，卻沒有人敢確定。

他們都是第一次離開親人，在外面過夜，而且還是一座荒島。他們不敢說出口的害怕是：家人會不會永遠找不到他們，永遠被留在這裡？

沒有人說話，只敢偷偷的流淚。

探勘

一大早，太陽就把船艙晒得像蒸籠，他們只得逃離船艙。

來到沙灘，昨天升的火已經熄滅了，只剩下灰黑的餘燼。只見凱文帶著諾諾正走下土坡，手上抱著大把的木柴。

「你們醒啦！還以為會睡晚一點。」凱文精神抖擻回到沙灘。

充滿朝氣的陽光和明亮的沙灘，讓他們暫時遺忘了擔憂。

「今天，一定會有人來接我們回去的！」妲雅說。

他們又吃了一些零食當早餐。妲雅真的快要發瘋了，以往每一天都是由豐盛的早餐開啟的，酥軟的奶油可頌麵包、金黃濃郁的焗烤、柔軟香甜的可麗餅……想到這裡，她又想哭了。

蘇蘇雖然也想家，但此時她的心早就已經飛到沙灘外的那片森林了。

「我想去那邊看看。」熱愛植物的她，就是為了接觸更多不同的植物，才參加野營活動的。

「我也去吧！」凱文說。「不知道這裡有什麼野生動物，我們還是小心一點。」

凱文帶上了柴刀。

除了擔心安全的問題，凱文陪著蘇蘇，還有另一個原因。雖然爸媽反對，但他想當個木雕家，所以很喜歡木材。這個島上樹林茂密，他也十分興奮。

凱文帶著自己的柴刀，當成開山刀來使用，雖然不是很理想，但多少可以用來砍除雜草。

他們慢慢的前進。而出乎意料的是，他發現這裡有一些小徑被隱隱埋藏在草堆與樹林裡。這個島，以前有人住嗎？

可是，這段時間以來，完全沒有發現人的蹤影。凱文覺得很困惑。儘管感覺仍像是一個迷宮，但是，似乎有路可以走。加上

雜草不是非常茂盛高聳，因此凱文並不特別費力就能前進。

兩個植物愛好者，都覺得這片樹林實在很美。

「哥哥，我們如果回不去，水可能會不夠喝喔！」蘇蘇說。

「喔！」凱文之前完全沒有想過缺水的問題。「應該不會啦，不要擔心。」

凱文發現了不少可以當柴火的木柴，想著等一下可以撿一些回去。而他也想要找看看有沒有小河、小溪，以免真的缺水。不只是水，如果救援的人遲遲不來，那連食物也會成問題。

走在凱文前方的蘇蘇東看看西看看，好像到了百貨公司一樣興奮，連偶爾騷擾他們的蚊子，都不減他們的興致。

他們走了好一段路，可是沒有找到水源。時候不早了，他們打算先回到沙灘。

走到野原時，蘇蘇突然蹲了下去，並且動手挖掘地面。

「怎麼了？蘇蘇？」凱文上前，好奇的問。

「凱文哥，你的刀子可以借我一下嗎？」

蘇蘇接過刀子，又埋頭挖了一會兒，只見蘇蘇拿起一塊沾著泥土的東西。

「這是……？」

蘇蘇臉上露出微笑。

「快來呀！」回到海灘，凱文興奮的大叫。

「怎麼了？」

「快來看看蘇蘇找到什麼！」

「是什麼？」

「地瓜！還有地瓜葉！」

「哇！是地瓜！」阿海開心大叫。

地瓜？看著蘇蘇手上那幾個沾滿泥土、長得歪七扭八的「東西」，妲雅不以為然，好醜喔！一定不好吃。

「蘇蘇有在野地烤過地瓜嗎？」凱文問。「我沒烤過耶。」

「沒有，我以前露營都是吃即時食品比較多。」蘇蘇說。

「不是說『烤』地瓜嗎？那丟到火裡烤就對了！」阿海餓得不管三七二十一了。

「好！」

蘇蘇、凱文和阿海趕緊準備生火，好不容易升起了足夠旺盛的火，便一股腦兒把地瓜全部倒進火堆裡。

劈劈啪啪……心急的他們不斷加入柴火，地瓜頓時被熊熊火焰淹沒了。

「火越大應該熟得越快！」

「好想趕快吃！」

「烈火爆裂瓜！」阿海一邊等地瓜，一邊做出幼稚的動作。

「火炎地獄瓜！」連凱文也玩起來。

「幼稚鬼！」妲雅快要受不了了。

過了一陣子，火堆裡隱隱傳出地瓜香甜的味道。

「應該差不多了！」凱文用木棍把地瓜挑了出來。

哇！地瓜全都黑嚕嚕的！

「好燙！」阿海迫不及待伸手去拿，被燙得哇哇叫。

「烤得有點太焦了……」

等到地瓜降溫了一些，凱文拿起一個地瓜，剝開焦黑的外皮，露出鮮黃色的冒著熱氣的地瓜，甜蜜的香氣竄入每個人的鼻子裡。

凱文遞給阿海，阿海感激得馬上大口咬下，「唉唷！好硬！」阿海摀著嘴嚷嚷。

原來熊熊大火並未把地瓜完全烤熟，只是外層熟了，內層的瓜肉還是生的。

「啊……真的要吃這個嗎？」妲雅十分抗拒。

「哎呀沒關係啦！把外圈有熟的瓜肉吃掉就好，還是很好吃的！」阿海說著，馬上像松鼠一樣啃起地瓜來。

蘇蘇和凱文見狀，也跟著拿著地瓜呼呼吹吹吃了起來。

「要不要？」阿海遞一條地瓜給妲雅。地瓜皮被火烤得焦黑，看起來一點也不好吃，妲雅皺著眉頭。

可是她的肚子也超餓，想吃點熱熱的東西。

「你該不會沒吃過烤地瓜吧！」

「我都沒吃過了，更何況是她。」凱文說。

「不會吧！」阿海的聲調超誇張，遞給妲雅一條，「國民美食呢！需要我幫你剝嗎？」阿海問。

「不用。」妲雅幾乎是用搶的接過地瓜，自己剝了起來。她從沒自己動手剝過地瓜，甚至連水果也沒剝過。阿海的反應讓她覺得自己才是土包子，不開心！

烤焦黑黑的部分看了實在討厭，但裡面金黃色冒煙的瓜肉，讓口水突然一下子多到差點滴出來。她假裝若無其事的吃了一小口，發現這實在太好吃了！雖然不想在其他人面前出醜，但身體像是不聽指揮的一口一口吃了起來。

「哈哈哈！很好吃吧！」阿海說，凱文笑了，妲雅臉紅了。

雖然比想像中美味，但妲雅覺得大部分的地瓜烤得外皮過於焦黑，裡面卻沒有熟透，真是太可惜了。

「我們睡覺的時候，該不會一直有人放臭屁吧！」阿海說。

「討厭！」妲雅臉又紅了。

蘇蘇的臉也紅了。

他們燒了水燙了一些地瓜葉，但妲雅一聞到味道就皺起眉頭，「這味道很噁心，就像青草。」

「噁！我也不喜歡地瓜葉——」阿海也說，「地瓜葉一定要拌醬油和豬油，至少也要有蒜頭和鹽巴調味才能吃啦！」

蘇蘇一臉無奈。

她雖不挑食，但她也同意只有被熱水燙熟的地瓜葉實在是缺乏吸引力。

幸好今天的地瓜足夠大家果腹，可憐的地瓜葉，就只好又回歸大地的懷抱了。

又過了一天。

他們仍舊等不到救援，如同蘇蘇之前提醒的，的確出現了缺水的大危機。

凱文意識到船上的存水頂多再撐一天，要是真的被困在這島上，卻沒有水，那可就危險了。沒有食物，人還可以撐好幾天，沒有水，很快就會失去生命。

看來，也必須更努力尋找水源了！

「我出去找看看有沒有水！」凱文帶上了柴刀和空桶。

「我……也想一起去，可以嗎？」蘇蘇怯怯的問。

「嗯……可以！不過，可能會有點辛苦喔！」凱文其實希望蘇蘇不要跟，這次會更深入樹林裡，但是他知道蘇蘇有不少露營的經驗，所以還是答應了。

凱文根本不知道，蘇蘇的心，早就被海灘後面的這一片綠油油迷住了。對一個喜歡植物到帶圖鑑出門露營的人來說，這裡簡直是天堂啊！

「我留守營地，順便在這邊陪妲雅。」阿海貼心的說。其實每個人都因為救援遲遲未到感到沮喪焦慮，但都還能勉強打起精神。妲雅則是不能自已的情緒低落，兀自縮著身子不發一語，做什麼事也提不起勁。

「跟緊我喔，蘇蘇。」凱文緩緩的前進，蘇蘇則在後面慢慢跟著，臉上帶著別人幾乎無法察覺的笑容。

走了好一陣，凱文回頭確認蘇蘇有跟上自己。

「蘇蘇？」蘇蘇不見了！

「蘇蘇！蘇蘇！」

這可不得了，水沒找到半點，還搞丟了一個孩子！

凱文暫時放下找水的任務，當務之急，先找回蘇蘇。可蘇蘇好像被這座樹林「神隱」了。

「蘇蘇回來了嗎？」放棄像無頭蒼蠅般的尋找，凱文決定先回沙灘看看。

「蘇蘇？沒有耶！」阿海和諾諾在玩你丟我撿的遊戲，正把一根木棍使勁丟了出去。妲雅在筆記本上不知寫什麼東西。

凱文說了蘇蘇不見的事，他突然覺得好沮喪，先是把三個孩子送到了這個荒島，現在又弄丟了其中一個。

「我去幫忙找！」阿海自告奮勇，他很擔心蘇蘇。

「你怎麼找？萬一你也迷路了，那不就更糟了！」妲雅放下筆記阻止。

「也對，不如我們把營火生得大一點，也許蘇蘇看見白煙，就能找到方向回來了！」阿海打起精神，丟入更多柴火。

「你們兩個在這裡等，不准離開，我帶著諾諾去找蘇蘇。諾諾，走吧！」凱文說完，便帶著諾諾離開，留下兩人留守沙灘。

這裡果真是植物天堂耶！蘇蘇跟在凱文身後，一邊辨認著植物，著迷的觀察；一棵樹吸引了她的注意，她穿過灌木叢想近一點觀察，竟然不知不覺走岔了路。當她回過神時，凱文早已不知去向。

怎麼辦！蘇蘇又急又怕……

「救命！」、「我在這裡！」她試著呼救，卻發不出聲音。

蘇蘇原本就不太能夠放聲大叫，從小不管遇到多令她害怕慌亂的事情，她都是安安靜靜的，不哭不鬧。記憶裡她也從來沒有生氣吼過別人。

老師都以為她特別乖，其實她是做不到把自己的情緒表達出來。

她想待在原地不動等待救援，可是她個子嬌小，旁邊的植物都比她高，待在原地別人根本很難發現她。

樹叢中，不時發出窸窸窣窣的聲響，蘇蘇嚇得動也不敢動。

突然間，她感覺到腳邊有毛毛的東西拂過，嚇得尖叫起來。

是野獸嗎？

「汪汪！」

「諾諾！」牠親暱的蹭著蘇蘇的腳。

「你來帶我回家嗎？謝謝！」蘇蘇高興得蹲下來抱住諾諾。

「蘇蘇，是你嗎？」凱文著急的聲音在不遠處響起。

「凱文哥，我在這裡！」蘇蘇感動得不斷揮手，凱文哥沒有拋下自己。

凱文循著諾諾的叫聲，找到蘇蘇和諾諾，「蘇蘇，你沒事吧！

謝天謝地找到你了！」他開心的拍拍蘇蘇的頭。

「汪汪汪！」諾諾搖著尾巴，卻不是往回走，而是更往山的方向走去。

「諾諾？」凱文和蘇蘇不得已只能快步跟上。諾諾聞聞嗅嗅，聞聞嗅嗅，走了好一陣子，穿過一片林地之後，凱文和蘇蘇隱隱聽到奇怪的聲音？

嘩喇喇？嘩喇喇……是水聲！當他們意會過來，不約而同快步往前跑，果真，看到前方的岩壁上冒出了水流。是……湧泉！泉水順著山壁汩汩而下，匯集到下方成了一潭清澈見底的水窪，

這豐沛的水流繼續往前，在樹林間開出了一條小溪，邊輕輕唱歌，邊往山下流去。

哇！哇！哇！蘇蘇張大著嘴，凱文也激動不已。

「諾諾，你好棒！」

正在舔著水喝的諾諾，轉過頭來看著兩人，似乎在說：「你們不來喝一點嗎？」

加菜

「妲雅、阿海，我找到蘇蘇了！」凱文站在坡上，興奮的大喊，蘇蘇和諾諾的身影隨即出現在一旁。

「今天超級幸運，多虧了諾諾，我們還找到水喔！」回到沙灘上，凱文難掩興奮的說。

「諾諾超棒，果然是我們的福星！」阿海拍拍諾諾的頭表示讚許。

「汪汪汪！」諾諾得意的繞著大家猛搖尾巴。

「你們看，還有這個！這是……呃……」凱文拿出一把綠油油的葉子，蘇蘇才剛告訴他的名字，他一回頭就忘了。

「過溝菜蕨，也就是過貓。在湧泉那一帶的樹林中有好多。」蘇蘇像是智慧語音助理一樣幫凱文解圍。

「天啊……這要怎麼吃，我們又不是牛……」妲雅說。

「這我吃過，我媽都是汆燙後再擠一大坨的美乃滋，滋味挺不錯的。」阿海說。

「我家會淋酸甜醬汁，清爽，好吃。」蘇蘇說。

「上次地瓜葉不也是這樣燙熟了，但是缺了最重要的醬汁啊！」妲雅忍不住回嘴。妲雅很喜歡吃生菜沙拉，不僅顏色繽紛美麗，還能隨意淋上各種沙拉醬，無論是優格醬、千島醬、和風醬、胡麻醬、凱薩醬……她都喜歡。在生菜上撒一些堅果、果乾或香香酥酥的麵包塊也很棒……可是，哪裡來的沙拉醬呢？眼前的現實是：他們只能像牛一樣咀嚼這又老又澀的野菜。

「沒調味真的不好吃！」阿海說，「但是太久沒吃菜，大便應該也不會順暢吧！」

妲雅真不喜歡人家講話這麼粗俗，什麼大便大便的，真臭！

經過這一番折騰，一個上午很快就過了。

「好餓喔！我怎麼覺得每天光忙著找食物、煮三餐和肚子餓，一天就沒了！仔細想想，以前的人一定很辛苦。」阿海說。

「是呀！」凱文附議，「要搞定一日三餐，真不簡單。如果我們連泡麵都沒有，真不知道會有多慘！」

「泡麵哪有什麼營養……」妲雅本想再往下說，不過，她光想到待會兒還要重新生火、燒開一鍋水，就餓得沒力氣說了。

飢餓仍舊逼著每個人快手快腳的生起火，蘇蘇手拿著過貓坐到妲雅身旁，「一起來摘菜。」

妲雅看著蘇蘇，視線落在那一把碧綠的野菜上面，她第一次看見這種菜，筆挺的綠梗就像翠玉雕的一般，閃著油亮的光澤，仔細一看，上面還長著細細的褐色絨毛；翠綠的菜梗頂端蜷曲起來，探出了新生的葉子，像蝴蝶剛剛從蛹中羽化出來那溼溼的未完全打開的翅膀。妲雅突然好想知道貓的味道，她在心中想像那種極嫩鮮脆的口感。

「妲雅你看，像這樣摘成一節一節，等一下燙過之後比較好入口。」蘇蘇見妲雅望著菜發呆，以為是她不知從何下手，當然，的確也是如此。

「哼，我知道！不用你教。」妲雅不甘被小看，馬上抄起一根過貓，啪啪啪的連折幾次，當過貓爽嫩的觸感傳到她的指尖，竟莫名的有一絲感動，她從來沒有這樣處理過食材。

「我家煮泡麵也常會加青菜喔！我媽說這樣營養比較均衡。」阿海說，「可惜沒有蛋，加一顆蛋，超讚的。」

說到蛋，大家腦中不約而同想起了各式各樣的蛋料理……蒸蛋、蛋餅、茶葉蛋、荷包蛋、炒蛋……哪怕只是簡單的水煮蛋，現在想起來都讓人激動。

咕嚕……他們幾乎在同一時間猛吞口水。

「從現在開始，我們要把蛋和肉列入禁句！」妲雅有點火大。

「剛剛想到蛋已經很糟糕了，你還提到肉！」阿海指著妲雅的鼻子打趣的說。「要不然，就先吃你的牛肉調理包吧！」

「不，不行！那……那是……反……反正！現在開始不可以講！」妲雅有點被阿海激到，嗓門不覺變得更大了些。

那些調理包是媽媽特地為她準備的。媽媽寵她，知道她最愛吃飯店的牛肉咖哩，怕她露營吃得不好，因此買了飯店特製的調理包給她帶著。

妲雅的心情很複雜。一來，妲雅的確捨不得和別人分享；二來，她好怕一吃牛肉，就會因為太想媽媽而哭出來。最後，則是因為調理包數量不多，她也怕萬一要在這討厭的荒島上待很久，吃掉就沒有了。

「哈哈哈，好喔。」凱文倒是答應得很爽快。

「不講就不講，男子漢我說到做到。」阿海嘟著嘴。「明明就有牛肉……」

蘇蘇面無表情，點了點頭。

然而每個人心中，都還是想起美味的蛋和肉……

連吃兩天烤地瓜，而且大多是燒焦或者半生不熟的，吃烤地瓜的興奮感已經下降了許多。大家想到要吃泡麵，感到非常幸福。

他們用山泉水煮了一大鍋麵，把洗乾淨的過貓丟了進去。不用擔心水的問題，實在是太令人開心了！值得好好慶祝一番。

「終於可以吃飯了！這應該是午晚餐吧！」阿海猛吞口水。

今天吃經典的肉燥麵，配上綠汪汪的過貓，顏色豐富了一些。開吃了！

妲雅率先夾了一口過貓，鮮嫩的口感中夾雜著一點黏稠的澀

RECIPE 1

過貓泡麵

材料

- 肉燥麵
- 山泉水
- 過貓

味。這過貓應該比較適合加上酸酸甜甜的醬汁單獨吃，而且野菜獨有的澀味干擾了泡麵原本的風味。妲雅喜歡過貓，一如地瓜，但是，它們同時都缺少了一些什麼，讓人感到遺憾，刺激著她的美食魂。

其他三人不像妲雅嘴巴挑剔，將過貓混著泡麵一起吃，吃得投入，沒人覺得有什麼不順口。

除此之外，他們每個人的水壺裡也都裝了甘甜冷冽的泉水。

四人唏哩呼嚕的，吃著泡麵配青菜，一邊喝泉水，覺得這一餐也頗有野趣。

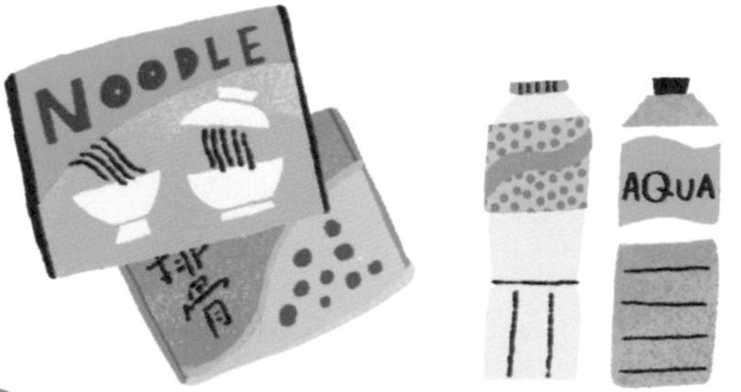
NOODLE
排骨
AQUA

「啊！」吃完泡麵，阿海突然用力拍了一下自己的大腿，大叫一聲。

「你幹麼？嚇死人了！」受驚嚇的妲雅顯然非常不悅。

「你們說有小溪，溪裡面有魚嗎？」

「我沒注意到耶，」凱文說，「我們只顧著開心有水喝，沒有去溪邊確認。」

「蘇蘇有看到嗎？」

蘇蘇搖頭。

「呃啊！」阿海誇張的抱住頭，「希望有魚、有魚啊！」

凱文心裡想的，則是另一個眼前更需要考慮的問題，他開口說：「我想，我們要換一個地方住，」凱文環視每個孩子，「離水源地近一點，我們會方便很多。」

蘇蘇馬上點頭表示贊成，阿海再度用力拍了自己大腿一下：「對耶！這樣我們就不用大老遠去提水，而且洗衣洗澡也方便，更重要的是，可以隨時釣魚！」

「可是！」妲雅心慌起來，「要是有人來找我們，會看不到我們的！」

凱文輕拍妲雅的肩膀，說：「別擔心，我會每天到海灘去維持營火生煙，還會立一根綁紅布的木棍，當成求救信號。而且我們的船就停在那裡，不會看不見的。」

聽了哥哥的話，妲雅仍舊不安心，沉默了好一會兒。

「我有帳篷，那你們要睡哪裡？」妲雅問阿海和蘇蘇。

阿海和蘇蘇同時看著妲雅。

「那是可以睡四個人的大帳篷……」蘇蘇指著妲雅的帳篷。

「我才不……」

「就一起睡吧！」妲雅話沒說完，就被凱文打斷。「暫時忍耐擠一下，大家都是朋友，對吧！」

哥哥直盯著自己，妲雅只能忍住。

她才不想和這兩個野孩子睡在同一個帳篷，她自己的美麗帳篷！當初就是不想和別人同住一個帳篷，才讓媽媽幫她準備的。

「可是……有人會搭嗎？」凱文抓抓頭。他雖然已經十八歲，但從來沒有搭帳篷的經驗。

「我會。」蘇蘇說。「不會很難，大家一起搭。」

「神氣什麼啊！」妲雅心想，「那可是我的帳篷耶！」

就這麼定案了！於是，他們將各自的行李收拾妥當，趁著天還亮著，往湧泉出發。

諾諾的心情最好，踏著輕快的腳步，在前面帶路。

一路上妲雅唉聲嘆氣，碎碎念發牢騷，還一直喊累（儘管她的大行李箱是由凱文幫忙提的）。

抵達之後，東西一放，阿海立刻衝到溪邊。

「哇，太好了！」阿海大喊，「有魚，真的有魚！耶！」

「喂——阿海，先來搭帳篷啦！」遠方傳來凱文的叫喚聲。

「好——」

眾人在蘇蘇的指示下，花了一點時間，選了一個適合搭帳篷的營地，雖然過程中還是有些手忙腳亂，但他們沒有花太多的時間，就把帳篷搭好了。

「根本就是豪宅嘛！」面對眼前的大帳篷，阿海情不自禁的讚嘆。雖說是四人帳，但比一般的大上許多，真不是普通的帳篷。

帳篷一搭好，妲雅第一個鑽進去。就算不能獨享帳篷，至少她得是第一個進帳篷的人吧！她真的很不甘心。

「快快快……」一搭好帳篷，把東西大致放好，阿海立刻帶著釣具衝到溪邊。

「嚕嚕咧咧——」黝黑的臉上閃爍著從林間灑落的點點陽光，阿海邊傻笑邊哼歌邊整理釣具的模樣，真讓人懷疑他是不是已經把落難到荒島的這件事拋諸腦後。

「少根筋的釣魚傻瓜……」妲雅說，「到底是真的會還是假的會？」

對妲雅這樣的孩子來說，釣魚根本超級麻煩，是只有大人才會做的事。只見阿海熟練的用一些吃剩的地瓜和挖來的蚯蚓做了釣餌，開始垂釣，妲雅覺得不可思議。

凱文和蘇蘇則又開始忙起撿拾柴火、分類及找食物的工作。妲雅悶悶不樂的坐在一旁，看著三人起勁的忙碌著。想到等待救援的這段時間，就是地瓜、野菜、地瓜、野菜……的無限循環，頂多搭配一些泡麵，那些過往品嘗美食的記憶瘋狂湧現：燉得入口即化的牛肉咖哩、熱騰騰的西班牙海鮮飯、肥美多汁的烤鴨、腦海裡浮現的滋味惹得妲雅快崩潰了！

「嘿嘿嘿！請叫我，天才小釣手——」不遠處傳來阿海的大嗓門，「大豐收喔！」

什麼，那個土蛋阿海竟然真的釣到魚了！而且釣了好幾條。

「好厲害！」凱文稱讚著。「可是……有人會處理魚嗎？」

蘇蘇搖搖頭。

「嘿嘿嘿……凱文哥，可以跟你借一把刀嗎？」阿海露出神祕的表情問。

「你會殺魚？」凱文拿了把刀子給阿海，卻一臉擔心。

只見阿海蹲下身，俐落的開始處理魚，先是嚓嚓嚓的刮除魚鱗，再開腸剖肚去除內臟。

妲雅轉過頭去，不敢看。

凱文雖是大人，臉卻皺成一團。

「我家賣魚的，只要爸媽忙不過來，我就得幫忙。」阿海邊說著，三兩下就把剛釣到的魚處理乾淨了。

放在一旁的魚內臟，被不知從哪裡冒出來的諾諾吃個精光。

「噁——諾諾！」

「諾諾來到這裡，都被蘇蘇和阿海影響，變成野狗了！」無時無刻不在忍耐的妲雅快炸鍋了。

「好了！來烤魚吧！」滿頭大汗的阿海吆喝著。

凱文的木棍又派上用場了，他們把魚串起來，立在火堆旁邊。

「烤魚不用太強的火力，慢慢烤就可以了」。幸好，阿海不只會釣魚、處理魚，也會烤魚。

平時嘻嘻哈哈個沒完的阿海，烤起魚來簡直像是有三十年工夫的燒烤師傅般專注，有耐心的翻烤著每一條魚。

不一會兒，魚的表面隆起了魚皮泡泡，皮上的油脂滋滋作響，發出了香氣，連妲雅都猛吞口水，又怕被發現。

「各位人客，烤溪魚上菜囉！」阿海得意的拿起烤魚，一一放到大家的餐盤裡。

表面烤得酥脆的溪魚，呈現一種美味的赤黃色，幾處微微綻開的魚皮中露出雪白的魚肉，還冒著熱氣。

「好好吃喔！」凱文咬了一口烤魚，馬上放聲大叫。

「是吧——」阿海得意洋洋。

蘇蘇默不作聲，一口接著一口。

妲雅也吃了，真是香啊！而且這溪魚肉質細緻，沒有雜刺，非但一點腥味也沒有，還帶有一種瓜果的清香，太美味了！不過，她當然沒有說出口。

RECIPE 2

烤魚

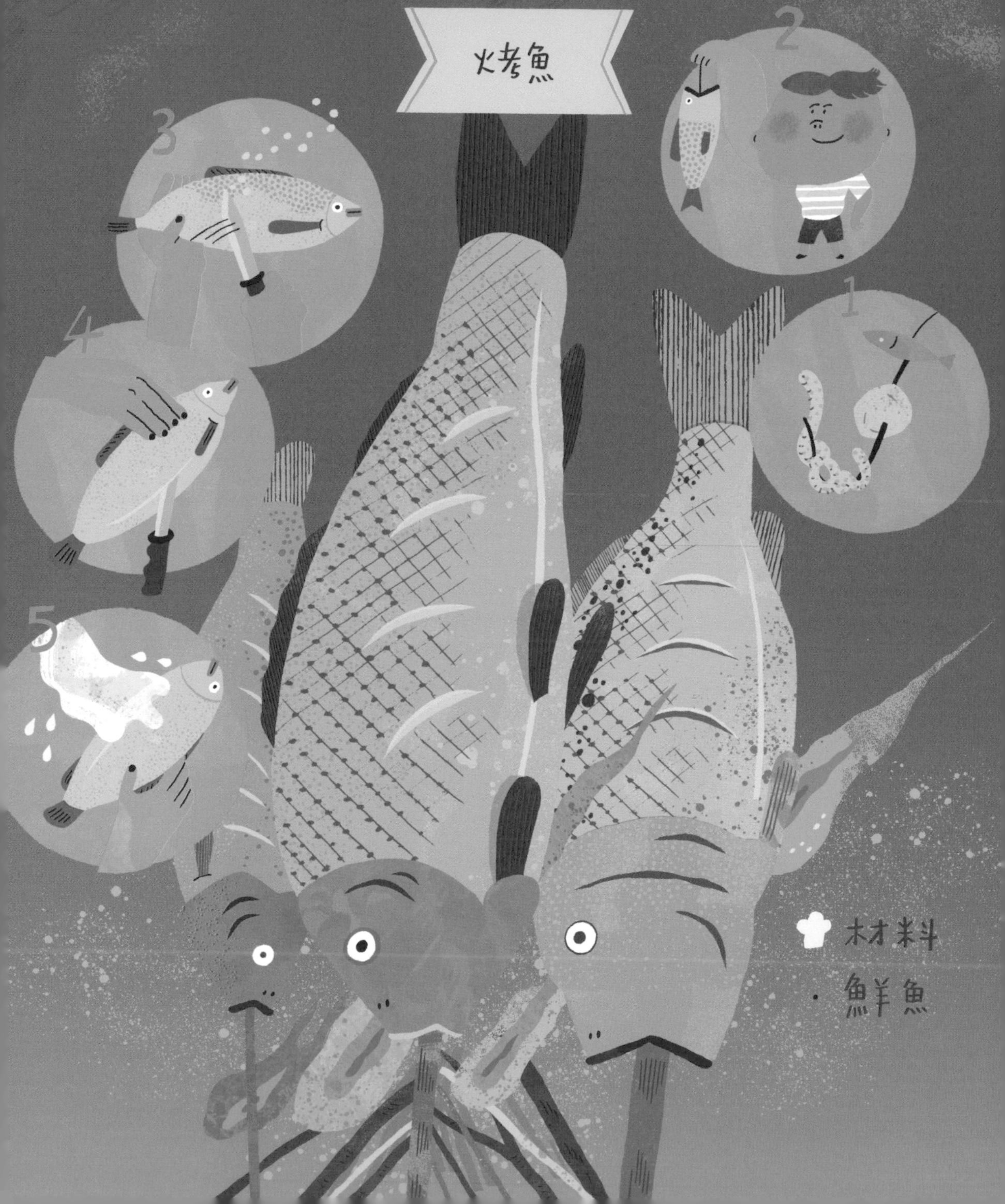

材料

・鮮魚

他們已經兩天沒有吃到真正的肉類了——雖然魚也只能勉強算是。但吃到魚肉令四人好感動！上次離「肉」最近的一次是「牛肉風味泡麵」。

「雖然這麼說對地瓜有點不好意思，但是很抱歉！我比較愛魚！」阿海說。

「我也是！」凱文也大聲附議，眼眶裡還有感動的淚水在打滾呢。「阿海大師，請收我做徒弟，我也想學釣魚！」

「嗯，沒問題！」阿海像個高深莫測的老師傅一樣神氣的閉著眼睛點頭。

大家都因吃到魚而胃口大開，儘管不餓了，卻覺得不太過癮。

「唉……應該再多釣一點的。」阿海有點懊惱的說。

「沒關係。」凱文也覺得意猶未盡，「肚子還餓的話，我們再烤一點地瓜吧！」

只是，剛剛吃過烤鮮魚大餐，每個人對地瓜都不感興趣了。尤其是妲雅，想到又要吃焦黑的半生地瓜，她才不要。

大家決議，還是把地瓜當成明天的早餐吧。

不知道是不是吃了烤魚的緣故，四個人的心情特別平靜。那天晚上，每個人都做了和魚料理有關的夢。

全熟

隔天早上，阿海天剛亮就起床了——他急著要去溪邊釣更多的魚！

「咦？」眼尖的阿海發現昨夜的火堆餘燼裡，竟有一條地瓜。

「怎麼會有地瓜？昨天沒有人烤地瓜吧？」阿海歪著腦袋想。

想來想去，最大的可能是，昨天凱文把火熄滅之後，搬動原本要烤的地瓜，不小心滾落到餘燼裡了。

「肚子好餓……」昨晚還因吃魚而對地瓜興致缺缺的阿海，

現在卻又因為肚子餓，對地瓜重燃熱情。

「可不能浪費食物啊……」阿海有點心疼的撿了起來，熟練的剝開地瓜皮。

咦？今天的地瓜怎麼怪怪的……瓜肉看上去金黃透亮還淌著蜜汁，阿海忍不住咬了一口，差點被地瓜軟糯綿密的口感嚇壞了。沒有烤焦！而且還熟透了！

「嘻嘻，運氣真好……」阿海左顧右盼，打算自己獨吞這條夢幻烤地瓜。

「肩負釣魚重任的我，多吃一條地瓜也只是剛好。」阿海阿姆阿姆吃了起來。

「你在偷吃什麼！」

「哇！」原來妲雅不知何時也已經起床了，阿海只顧著吃，竟沒發現妲雅走到他身後。

「對、對不起！」阿海求饒，「分你一起吃！」

妲雅對半生不熟又焦黑的地瓜並沒有特別的興趣。不過，她一看阿海遞來的半截地瓜，便感到驚訝！

「這，全部都熟了耶！」

「對啊，運氣超好！」阿海說。

怎麼可能全熟又沒有烤焦呢？妲雅腦筋飛快轉動著，真的只是運氣好嗎？

她用手靠近火堆的餘燼，發現還有微微的溫度。

嗯……原來如此！妲雅臉上露出一絲微笑。

從沒看過妲雅笑的阿海嚇得腿軟，「媽呀，都說要分你吃了嘛，請不要對我下手……」

「你這釣魚傻瓜！本小姐的目標是地瓜，誰有時間浪費在你身上呀！」妲雅說完逕自走向餘燼，忙碌起來。

「你不吃地瓜嗎？」阿海鬆了口氣，「那我要吃掉囉！」他真怕妲雅後悔，話才說完，馬上將剩餘的地瓜一口塞進嘴裡。

「嗯，尊襖滋（真好吃）」阿海口齒不清的說著，「紐災嘎麻（你在幹嘛）？」

妲雅回頭瞪了阿海一眼，「吃東西時不要講話！」

「包建（抱歉）！」阿海趕緊閉上嘴，努力的把地瓜吞下去。

吃完了意外全熟的烤地瓜，阿海心滿意足的去釣魚了，留下妲雅一個人神祕兮兮的撥弄著火堆。

等到凱文和蘇蘇也起來了，看見的景象是妲雅專注的坐在火堆旁的模樣。

「妲雅你還好嗎？餓了嗎？我來生火幫你煮東西吧！」深知妲雅脾氣的凱文上前準備生火。

不料，妲雅馬上跳起來，像隻不准任何人靠近雞窩，正在孵蛋的母雞媽媽，擋在火堆前，「不要過來！」

「怎麼了？」凱文頓時緊張起來。

「我是說，先不要靠近火堆，不要生火。」妲雅知道哥哥擔心，趕緊說清楚自己的意思。

凱文確認妹妹不是遇到危險，便放心了。他問妲雅和蘇蘇：

「那早餐就吃點餅乾好嗎？」

三人簡單的吃了餅乾，配著泉水，結束早餐後，凱文就帶著木柴前往沙灘生火，順便查看一下遊艇；而蘇蘇則和諾諾出發尋找其他可能的食物，順便觀察植物。妲雅呢？仍舊寸步不離的守著火堆，繼續孵她的祕密。

一個上午過後，當凱文、蘇蘇和阿海回來時，看見了成堆熱騰騰的烤地瓜。

蘇蘇默默的拿起一條地瓜，兩手一折，地瓜輕易的裂成兩半，露出了兩截美麗均勻的金黃色斷面。

「這……這是……！」凱文嚇傻了，這裡是地瓜天堂嗎？

「這是魔術還是我餓昏了產生的幻覺？」阿海因為漁況不佳，沒釣到魚，原本沮喪不已。

「知道我的厲害了吧！」妲雅心想。但那可惡的蘇蘇，竟然一句讚美的話都沒有，真氣人！

「妲雅，你這怎麼烤的？」凱文很好奇，這不太可能是他那個什麼都不會的妹妹做的。

「不告訴你！」

其實，妲雅想起了廚房裡的悶燒鍋……想到了利用餘溫的方式。她早上又添了一些柴火，增加餘燼的熱度和延長燜燒的時間，接著把地瓜埋進去。

為了確保小小實驗能成功，妲雅很有耐心的等待。

真的成功了！

地瓜烤得非常完美，整個熟透，而且沒有焦黑！

天啊！

妲雅吃著用自己的方式烤的地瓜，覺得地瓜比原本的好吃了一百倍，自己根本就是天才！呵呵呵！呵呵呵！

後山

經過幾天的荒島生活，仍舊等不到救援。現在，只能在溪邊洗冷水澡，而且沒有遮蔽；沒有洗衣機也沒有洗衣精，簡直要了妲雅的命，她從沒洗過衣服；更可怕的是沒有廁所，對一個淑女來說，簡直就是一種折磨；不時圍繞在身邊騷擾的蚊子小蟲也讓人抓狂……但最辛苦的是每日為了三餐疲於奔命。儘管有時候想家想得絕望，卻因為生活裡的大小事都得靠自己打理，讓他們連埋怨的力氣都沒有。

換個角度想，這座島的食材挺豐富的，而且沒有危險的野獸，風景優美，氣候宜人，就某個程度而言，也像是參加一種更另類的野營活動，只是沒有主辦單位罷了。

他們在不知不覺間分工合作：凱文負責決策事情，收集柴火和大部分粗活；阿海負責釣魚、打雜；蘇蘇採集地瓜和水果野菜；妲雅算是……「機動組」吧！看她的心情協助工作，很多的時候，她會坐在火堆旁寫筆記，「孵番薯」。

「諾諾，走囉！」蘇蘇輕聲呼喚，諾諾馬上一躍而起，跟著蘇蘇去探險。蘇蘇和諾諾儼然成了一對拍檔。

有時候他們會去野原挖地瓜，諾諾的爪子是最佳的工具。第一次發現諾諾的「超能力時」，蘇蘇興奮的跟其他三人分享：「諾諾很厲害！能精準的判斷出地瓜的位置，而且用爪子耙出毫髮無傷的地瓜耶！」

「早就跟你說我家諾諾不是一般的狗了！」妲雅一臉驕傲。

「凱文哥，我好像在電視上看過，有人養豬或狗來尋找珍貴的松……松什麼的？」阿海撓撓頭，怎麼也想不起來。

「是松露！」妲雅好久沒翻白眼了。

「對對對，松露！沒想到諾諾竟然還可以找地瓜。」阿海搓搓諾諾的頭。

大家聽了，都大笑起來，就連諾諾也得意得汪汪叫。

靠著諾諾，他們有吃不完的地瓜。

這天，蘇蘇又帶著諾諾四處探索，她們先去野原晃晃，除了地瓜之外，還帶回了一串香蕉以及一顆鳳梨，因為是野生的無人看顧，所以比平常水果攤買的迷你許多。

蘇蘇開心得馬上回去營地和大家分享，好幾天沒吃水果了，大家一定很開心。沒想到，營地靜悄悄的，一個人也沒有；她只好先放下水果，等大家回來一起享用。

等待的時候，蘇蘇的目光觸及他們營地後方的一座小山。蘇蘇曾提議繞過山去看看後頭有什麼，但是其他人並不同意，他們認為不要移動太遠，獲救的機會比較大。

蘇蘇突然興起一個念頭。

「諾諾，我們走吧！」一人一狗就這麼雀躍的往後山走去。

這是一座好寧靜又生意盎然的小山，豐富的植物生態就像是植物的嘉年華會。走了一小段路，眼前一片壯觀的榕樹巨木群，讓蘇蘇不由得屏住呼吸，那是白榕樹吧！盤根錯節的氣根佇立在林間，像一道道廊柱，壯觀又神聖。蘇蘇激動得說不出話來，她第一次這麼感謝流落荒島。

「汪汪！」諾諾激昂的吠叫打斷了蘇蘇瞻仰巨木的專注，「諾諾？」蘇蘇循聲找到諾諾，馬上又被另一個景象所震懾住了。

「都怪你，一直發出聲音，害我的魚都被嚇跑了！」遠遠就傳來阿海的抱怨聲。

「我又不是植物，怎麼可能沒有聲音！」妲雅不甘示弱的聲音嚇飛了幾隻鳥。

凱文剛剛從沙灘那頭回來，正準備把火升旺一些準備午餐，就聽見兩人正在拌嘴。

「怎麼回事呀？」凱文趕緊當和事佬。

「凱文哥你評評理，妲雅硬是要跟我去釣魚，結果看到過貓又嚷著要採，一邊採還一邊大呼小叫，嚇得魚都不敢過來吃餌了！」

「就有蟲飛到我身上啊，我又不是故意的！」

「那中午就沒有魚吃了，我好想吃肉，你賠我喔！」阿海因為肚子餓，已經口不擇言了。

「哦——說禁句！」妲雅伸出握著過貓的右手指著阿海。阿海趕緊摀住嘴巴，心裡懊惱著：如果可以把「肉」這個字咬出肉汁，吞回肚子裡就好了。

「別吵了，你們看，我剛剛回來時發現了香蕉和鳳梨耶！」

凱文趕緊轉移話題，雖然他也好失望沒有魚可吃。

「香蕉，真的是香蕉耶！一定是蘇蘇找到的，讚啦！」對現在的阿海來說，發現香蕉的蘇蘇就像是天使一樣。

他立刻挑了一根最大的。

「啊嗯啊嗯，超Q超甜的，呀老天！嗯嗚嗯嗚……」阿海彷佛是香蕉終結者，一根香蕉，沒兩秒就進了他的肚子。

「這香蕉看來營養不良，能有多好吃？」妲雅對於眼前這只有平常香蕉一半大小的瘦小香蕉，頗不以為然。

凱文也剝了一根香蕉吃，「哇，真的很好吃，妲雅你快吃吃看！」

妲雅半信半疑，剝了香蕉，一咬下去，馬上被香蕉帶著Q度的口感嚇了一跳，扎實的果肉飽藏著濃郁的果香和深厚的甜味，真是太美味了！她不動聲色，吃了一根又接一根。

「我們得留幾根給蘇蘇，她都還沒吃到呢！」凱文見一串香蕉轉眼只剩幾根，趕緊喊停。

「對呀！蘇蘇呢？怎麼這麼久還不回來？」阿海想到這是蘇蘇找到的香蕉，也覺得有些不好意思。

吃了甜甜的香蕉，妲雅心情大好，突然有一股想要煮東西的興致。這兩天她在筆記上塗塗寫寫，有了一些靈感，不知怎麼的，這座荒島上的食材讓她的美食魂蠢蠢欲動。

「咳，為了不浪費食材，我決定來煮東西。你們趕快幫我生火，我需要兩個鍋子，還要乾淨的水。」妲雅說話時側偏著臉，眼神不知往哪擺，臉則像在火上加熱的鍋子，越來越燙。

「遵命！」妲雅的話不知怎麼的就像命令，讓凱文和阿海上緊發條動起來。

而妲雅竟拿起刀子削地瓜皮，原本就歪歪扭扭的地瓜，現在更是慘不忍睹。

「這樣應該就可以了！」妲雅把削好的地瓜切成塊狀，放進較小的鍋子中，並加了漫過地瓜的水，便放在爐灶上燜煮。

「不要動鍋子！」妲雅說完，轉身離開，消失在帳篷裡。

「凱文哥，這樣真的可以嗎？我們會不會沒有東西吃？」阿海壓低聲音向凱文求救。

「妲雅以前曾經跟媽媽去上過料理課，我想應該沒問題吧。」話雖這麼說，凱文的神情卻流露出一絲絲不安。

才說著，妲雅就出來了，手上拿著東西走了過來。在凱文和阿海來不及反應之前，撕開包裝，倒進煮地瓜的鍋裡，蓋上鍋蓋。

阿海不敢相信自己眼前所發生的一切，「那是……是傳說中的咖哩嗎？」

「沒錯，是飯店的特製牛肉咖哩包，託我的福，你今天可以吃到了。」妲雅神氣兮兮的說。她其實很捨不得，但為了製作出自己想像中的餐點，只好忍痛割捨兩包（自己還是偷留了一包）。

接著，妲雅要凱文幫忙燒另一鍋水，自己則忙著摘過貓，還不忘吩咐阿海去拿幾包泡麵過來。

忙了一陣子，三人終於燙好過貓，也在妲雅的要求下，將泡麵的麵條燙熟撈起，分裝在四人的餐盤裡。

「有鳳梨……很好。阿海，你會殺魚，應該也會殺鳳梨吧。」妲雅的語氣不像問句，而是不容質疑的命令，阿海還沒來得及思考，雙手已經乖乖「殺」起鳳梨來。其實，他根本沒削過鳳梨。

原本就小小的鳳梨，去完皮後，變形縮水得厲害，阿海的手更是被尖尖的鳳梨葉刺出了好幾個傷口，礙於男子漢的面子，他把唉唉叫全部忍在嘴裡。

鳳梨酸甜的氣味惹得大家不斷的吞口水，阿海忍不住舔了舔自己手上的鳳梨汁，「嗚哇，好酸喔！」

RECIPE 3

牛肉咖哩麵 + 鳳梨過貓

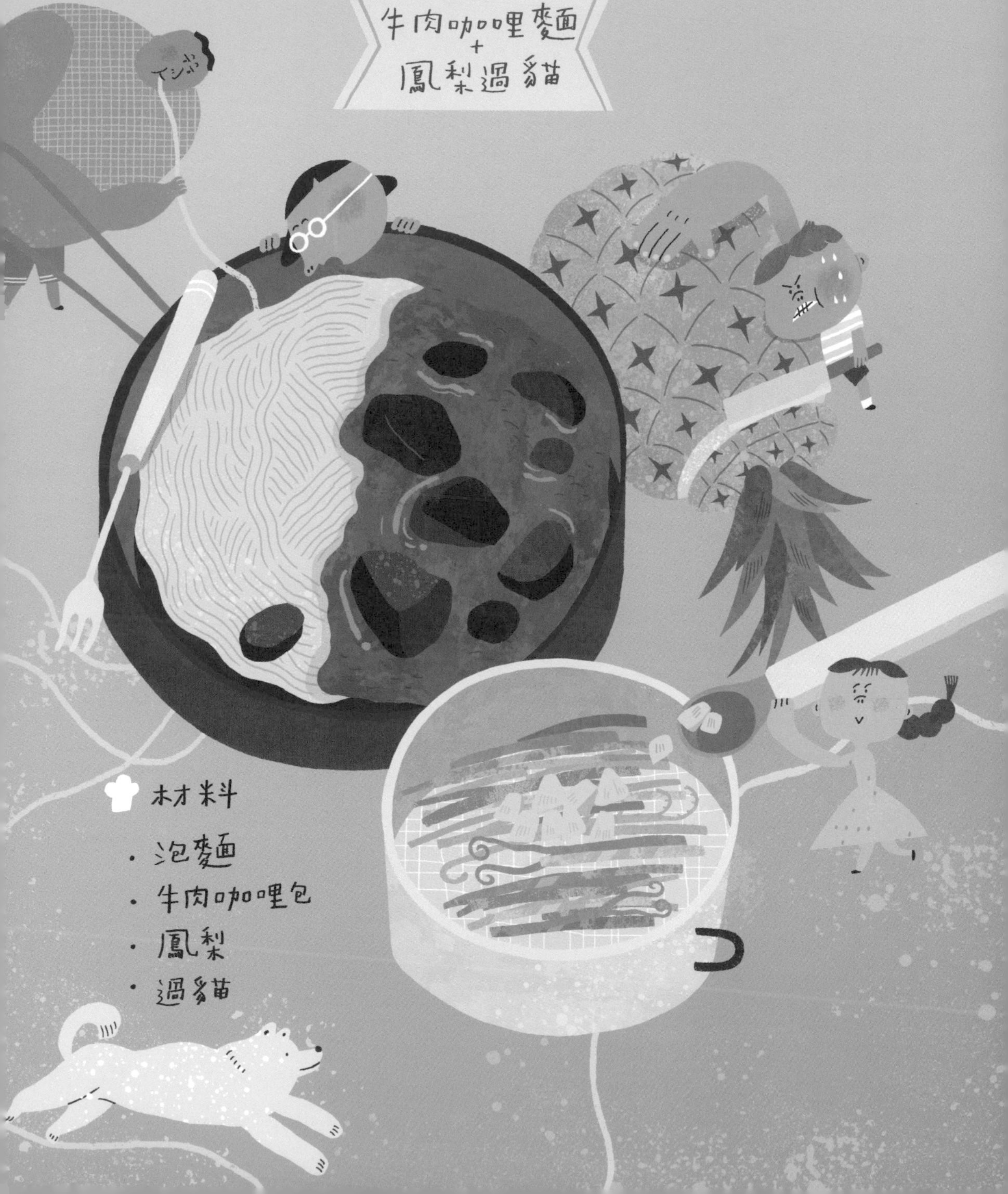

材料

- 泡麵
- 牛肉咖哩包
- 鳳梨
- 過貓

妲雅將鳳梨切小丁，保留一些用湯匙壓出了果汁，她自己都沒發覺：製作過程中，自己竟忘我的哼起歌來。一旁的凱文和阿海還真看呆了。

當蘇蘇回到營地時，每個人的餐盤上已經擺好了一份套餐：牛肉咖哩燉地瓜澆在泡麵的麵條上，正冒著熱氣；一旁金黃色的鳳梨丁撒在翠綠色的過貓上，淋上新鮮鳳梨汁。

妲雅雙手叉在胸前，看著碗裡的傑作。

「哇，看起來有點厲害呢！」阿海讚嘆。

「馬馬虎虎。」雖然還比不上真正的套餐，但妲雅挺滿意的。

吃著妲雅特製的「荒島套餐」，幸福不言而喻。

地瓜吸附了咖哩醬汁，甜中帶鹹，有別於烤地瓜的濃縮甜蜜，滋味更加豐富，果然如妲雅想像的一樣；以後回家煮咖哩，除了馬鈴薯，一定要加地瓜。切成小小塊煮化的地瓜，更讓咖哩醬增添了一種甘甜的風味。拌著泡麵麵條，滑順的口感，讓大家唏哩呼嚕停不下來。

過貓佐鳳梨沙拉，鳳梨酸甜的味道中和了過貓原本的澀味，讓口感變得清爽，鮮嫩的顏色，更是讓人胃口大開。

「感謝妲雅大廚。」阿海對著妲雅深深鞠了一個躬，表示感激。他覺得幸福滿點，不但吃到美味的料理，還吃到了肉！

凱文帶著驚喜的眼神看著妹妹，「妲雅，沒想到你這麼有料理天分！」

「好吃，厲害。」蘇蘇把餐盤裡的食物吃得乾乾淨淨。

妲雅樂得想跳舞，這個冷淡的蘇蘇終於稱讚自己了！「還好啦，只是隨便弄弄。」臉上還是裝出一副沒什麼了不起的表情。

蘇蘇看著吃飽喝足的大家，本想說出自己今天在後山的發現，卻又覺得難以啟齒，怕破壞了氣氛。另一方面，她也還沒完全確認狀況，還是等到探查清楚一些再跟大家說好了。她在心裡下了這個決定。

日子一天天過去，始終等不到救援，他們偶爾因想家而沮喪。幸好凱文很堅強，總是不斷鼓勵他們，帶給他們希望。而諾諾也帶來極大的安慰和安全感，是他們的好夥伴。

他們每天忙著採食、生火、煮食、到海邊去察看是否有船經過。偶爾到溪裡去玩水游泳，和諾諾玩遊戲。氣氛太過低迷的時候，阿海會說笑話，搞笑，甚至唱歌給大家聽。

大家在這座島上的生活，好像也慢慢適應了。

「我覺得不太對勁耶。」這天，平時總是嘻皮笑臉的阿海垮著臉說。

從昨天傍晚開始，風就呼呼的吹個不停，而且風力越來越強。

「怎麼了？」妲雅問。

「好像有颱風要來了。」連珠炮似的喃喃自語透漏著阿海的不安。「這天氣狀態讓人感覺不太對勁。如果我們繼續待在野外，恐怕會有危險。真的不太妙。」

凱文也一臉嚴肅的說：「我昨天去沙灘生火，就覺得風強浪大，海面上的雲很黑，也壓得很低，我擔心遊艇會被浪捲走。」

「我贊成應該撤到一個比較安全的地方。」蘇蘇說。

「哪有那麼嚴重？」妲雅不以為然。「應該不會有問題吧？這是頂級的帳篷，應該很堅固。」

「我家以前遇過超級颱風，它差點把房子吹垮了。」阿海想起那年強颱帶來的災情，一邊用手不斷撫摸掛在胸前的平安符。無論是惡靈還是颱風，神明都會保佑自己和大家的吧！

「颱風有什麼好怕。而且誰能證明一定是颱風，你們又不是氣象專家。」從小無憂無慮的妲雅，對於颱風可能造成的各種傷害根本不了解，完全不肯讓步。「說不定等一下風雨就停了呀？不是嗎？」

「就算要撤退，我們還能去哪裡呢？」凱文的臉色有點難看，平時總是一臉溫和的他，今天難得繃著一張臉。

蘇蘇想起了自己和諾諾在後山的發現。應不應該趁現在說出來呢？

「我知道一個地方……」蘇蘇話沒說完，就見妲雅猛的站起來，「我不要離開這裡！我們已經搬離遊艇，現在又要搬離這裡，離沙灘越來越遠，這樣救援的人一定找不到我們的！」

她握緊拳頭：「我的帳篷可是世界頂級的，一定沒有問題。」

說完，妲雅便忿忿的走進帳篷裡了。

其他三人面面相覷，蘇蘇的話，更說不出口了。他們只好在心中說服自己：這個島很安全，這次應該也會平安度過吧！

過了中午，開始下起雨來，而且風勢更加強烈了！帳篷雖然搭在樹林中，卻也開始搖晃，原本一直待在帳篷中的妲雅，一臉蒼白的跑出來，卻仍倔強的一言不發。

「我去看看遊艇的狀況，想辦法固定它。」凱文說。

「凱文哥，我跟你去！」

阿海也想幫忙。

「不用，你在這裡看看有沒有什麼需要加強的地方，我去去就回。」凱文說完便急急忙忙離開了。

阿海和蘇蘇仔細的確認營地各處的安全，傷透腦筋思考怎麼將東西都收好才不會被風吹走；妲雅坐在一旁生悶氣，不時看向海灘的方向，焦急哥哥怎麼這麼久還不回來？

過了好久，凱文才回到營地，渾身都被雨淋溼了，也因為在海邊吹了一下午的風，整個人臉色慘白。

晚餐，因為風太大，無法生火，所以大家躲在帳篷中隨便吃點零食就算一餐，這時候誰也沒心思考慮好不好吃了。

阿海發現平時總擔任意見領袖和和事佬的凱文，這時卻完全沒出聲，轉頭問：「凱文哥你還好嗎？」

「嗯……」凱文含含糊糊的回答了。

凱文的樣子看來很不好，臉色蒼白得像紙，身體還在發抖。

「凱、凱文哥！」阿海大喊。

蘇蘇一摸凱文的額頭，好燙！

「凱文哥生病了！」

凱文燒得厲害，阿海趕緊翻找背包，拿出裡面的綜合感冒藥，讓凱文吃了，躺下休息。

汪！汪！汪！諾諾的叫聲裡充滿了不安，他們感覺風似乎又更大了一些，帳篷也被風颳得發出可怕的哀鳴，晃得更厲害了。

「哥哥……」妲雅靠過來握住凱文的手，怎麼這麼冰冷？沒有任何危機處理經驗的她慌亂了。她怕錯失救援的機會、怕外面恐怖的天氣、現在怕失去哥哥。

「我們還是得走。」蘇蘇說，「我發現了一個山洞，應該可以避難，趁現在還來得及，趕快走。」

「我、我也同意……」阿海想起過往的可怕經驗，「如果真的遇上颱風，這裡肯定撐不住的。」

此時，凱文虛弱的發出聲音：「我也同意……情況不對勁，趕快動身吧。」妲雅，聽蘇蘇的話，安全第一。」

「可是，我就不想走嘛！」妲雅任性的賴在地上。

蘇蘇和阿海沒辦法，只好先整理自己的行李。

「對不起，你們先整理東西……」凱文說。

「我的帳篷怎麼辦？」妲雅急起來。

「來不及了，先拿睡袋和重要的東西，到山洞那裡再說。」

妲雅知道沒法再堅持，又氣又惱把東西粗魯的收進背包裡。

汪！汪！諾諾像是在催促般的連叫了好幾聲，每個人都感受到那股不安。

他們加快速度，把能放進背包的東西全都塞進去，準備離開。

凱文虛弱的勉強站起身來，阿海和蘇蘇，一起攙扶著凱文。

「喂！」

妲雅又想抗議，但看見哥哥渙散的眼神，她閉上了嘴。

汪！汪！諾諾已經等在前方，不斷回頭望。

強勁的風像是故意和他們作對似的猛吹，雨下得雖不大，卻細細密密隨風狂灑。

他們不得不手忙腳亂的穿上雨衣，背起背包，幾乎用了全身的力氣，才能勉強頂著風前進。

看著自己珍愛的帳篷要被遺棄在這裡，去什麼鬼山洞；而哥哥不舒服，自己又完全幫不上忙，讓妲雅心情沮喪又憤怒。

從來沒有體驗過風雨無情的妲雅，此時有再多不滿，也被眼前的遭遇嚇得不敢出聲，只能跟著同伴的腳步，舉步維艱的前進。

好不容易終於到了洞穴口，大家都已經筋疲力竭了，更別提衣服和背包溼了一大片。

還沒等蘇蘇亮起手電筒，諾諾就已經衝進洞穴裡。

妲雅站到山洞口，她超怕黑，這個洞穴在陰森的光線和風雨中，看起來就像是是妖怪棲息的地方。

阿海也遲疑著，盯著眼前的黑暗害怕得顫抖。但他相信蘇蘇，想到凱文身體很不舒服，他深吸了一口氣，攙扶著凱文，跟著蘇蘇邁步走向前方未知的黑暗中。

「可惡！」天色漸黑，風雨也越來越大，妲雅不想一個人站在外頭，只能硬著頭皮，打開手電筒，走進洞裡。

雖然可以看見前方其他人的身影，但漆黑的洞穴仍舊讓她感到恐懼。

轟！

妲雅才踏進洞裡，身後一陣震耳的雷聲，嚇得她連人帶行李摔倒在地上，心臟也幾乎緊縮到消失，瞬間，大雨傾盆而下。

轟！唰！

暴風雨真的來了。

第一部結束

CHEF!

妲雅的荒島食驗筆記

天啊！我竟然漂流到一座荒島上，超想哭。

我真的好想家，可是說出來好丟臉，那個土包子阿海一定會笑得超大聲！我也不想讓那個像植物一樣面無表情的蘇蘇嘲笑。

我發現要煮飯，而自己竟然什麼都不會！怎麼可能啊，我明明就上過烹飪課，也看過無數的料理書，真是氣死我了。

不行！我可是未來的五星主廚，不能被人小看了。

我的料理魂燃燒起來了，加油！

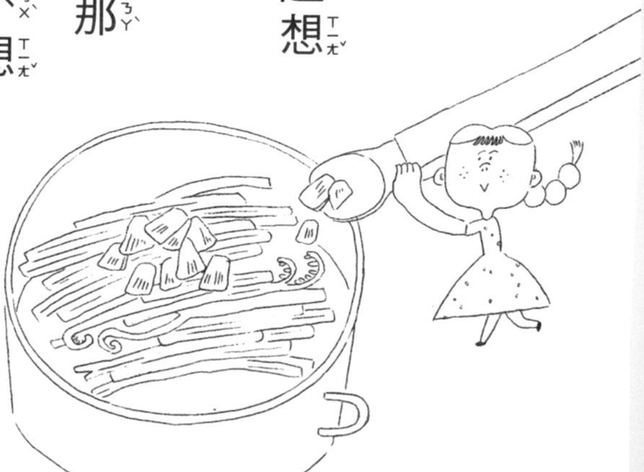

泡麵

泡麵真是令我吃驚的食物。媽媽說那很不健康，根本稱不上食物。希望回去後媽媽聽到我吃了泡麵（而且吃了很多）不會抓狂。

我實在不願意承認，但泡麵真的好好吃！那樣QQ又「波浪」的口感，真的讓人驚豔。調味包的香氣也非常濃郁。不過，只有我沒吃過，實在讓我很難堪。

聽阿海和蘇蘇說麵體是油炸或烘烤的，就算沒有煮也能吃。我偷吃了一小塊，哈哈！酥酥脆脆的，根本就是餅乾。下水之後又會隨著烹煮的時間軟化，嗯，應該可以配合各種不同的狀況來運用。壓碎的乾泡麵似乎也可以撒在青菜上。調味包感覺也很百搭，充當沙拉醬汁或許也不錯！在這荒島上，什麼調味料都沒有，我可不能就這樣被打敗。

我會證明我才不是只會抱怨的大小姐，哼！

生火

沒有瓦斯爐！沒有微波爐！沒有烤箱！什麼都沒有！

還好親愛的媽媽幫我買了超厲害的打火棒。（看起來應該是利用摩擦的原理吧，棒子上面好像有什麼特殊的塗層，所以容易打出火星？）

儘管有厲害的打火棒，我們為了生火還是耗費半天的時間，搞得人仰馬翻，我才知道以前的人要煮一頓飯有多困難。

柴太溼，點不著；柴太粗，點不著；柴種不對，點不著。

就算點燃了，一不小心就熄滅，只能全部「砍掉重練」。

就算能維持火苗不滅，控制火力大小也非常困難，火一大起來超可怕的，但沒有搞定火，一切都是白費力氣。

曾經聽人說過厲害的廚師必須學會控制火，我一定得想辦法搞定這一點。

趁著他們出門的時候，我要來好好練功。

PS.希望不會燒了整座島 ><

過溝菜蕨

蘇蘇說，過溝菜蕨又叫做「過貓」。（唉，雖然很不願意承認，不過她對植物懂得真不少。）

老實說，不管是過溝菜蕨，還是過貓，我都覺得怪怪的。

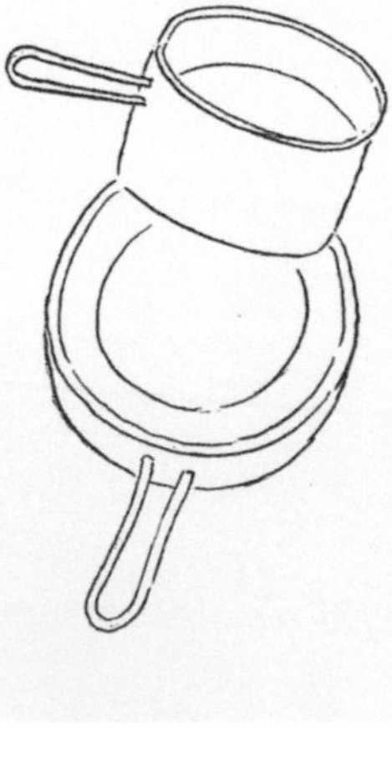

過溝菜蕨，聽起來就像是水溝裡才有的東西，噁心。對啦，蘇蘇說這種植物通常長在山邊、田野或溪流旁，雨水越多長得越好。（真是愛賣弄！）

過貓，就更不用說了，蔬菜名裡出現動物，讓人好錯亂，而且它長得和貓咪完全不一樣啊！（這「貓」字到底是怎麼來的呢？）

今天，蘇蘇教我摘過貓，她的確蠻厲害的，摘回來的過貓都很嫩，摘起來啵啵啵的聲音，我好喜歡。

不過，只能用水燙過，吃起來澀澀的，真的不好吃。如果有機會，我想要試試看用大火炒，或者燙完淋上酸酸甜甜的醬汁，說不定可以擊退澀味，提升美味，就靠我Chef妲雅！

烤地瓜

想不到，這一顆顆長得不起眼的地瓜，要讓它全熟，這麼難。

直接丟進大火裡，瓜肉都還沒熟，外皮就變得焦黑；埋在灰燼裡，忘記挖出來的地瓜，卻意外變熟了。嗯，這原理應該和燜燒鍋一樣，土燒過之後會熱熱的，把地瓜放進去就能慢慢燜熟。雖然要等很久，但是能吃到全熟的食物，才幸福！

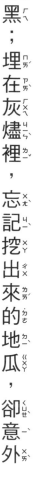

用這種方式烤出來的地瓜，表層有一種特別的焦香味和甜味，內層的瓜肉鬆軟綿密，搭配起來滋味變得豐富。雖然看起來是很土氣的鄉下人食物，卻十分好吃。

突然好想吃馬鈴薯喔，我猜它也能這樣燜熟吧，一定也非常的美味！這島上為什麼沒有馬鈴薯？（吶喊）

（對了，本Chef要來想想，說不定還能利用這樣燜的方式，來處理其他食材呢！）

的食驗筆記

年　月　日

今天要煮的菜：

會用到的食材：

處理食材要注意的事：

● 預計怎麼煮：

● 同一道菜我還想這樣做：

♥ 家人評分：

♥ 自己評分：

故事 ++

荒島食驗家 1：過貓泡麵

文　王宇清
圖　rabbit44

社　　長　陳蕙慧
副總編輯　陳怡璇
特約主編　鄭倖伃、胡儀芬
責任編輯　鄭倖伃
美術設計　貓起來工作室
行銷企劃　陳雅雯、尹子麟、余一霞

出　　版　木馬文化事業股份有限公司
發　　行　遠足文化事業股份有限公司（讀書共和國出版集團）
地　　址　231 新北市新店區民權路 108-4 號 8 樓
電　　話　02-2218-1417
傳　　真　02-8667-1065
Email　service@bookrep.com.tw
郵撥帳號　19588272 木馬文化事業股份有限公司
客服專線　0800-2210-29

印　　刷　凱林彩色印刷股份有限公司
2021（民 110）年 11 月初版 1 刷
2024（民 113）年 1 月初版 9 刷
定　　價　350 元
ISBN　978-626-314-058-5

國家圖書館出版品預行編目（CIP）資料

荒島食驗家 . 1, 過貓泡麵 / 王宇清文 ; rabbit44 圖 . -- 初版 . --
新北市 : 木馬文化事業股份有限公司出版 : 遠足文化事業股份有限公司發行 , 民 110.11
168 面 ; 17x21 公分 . --（故事 ++ ; 1）
注音版
ISBN 978-626-314-058-5(平裝)
1. 科學實驗 2. 通俗作品
303.4　　110016475

NOODLE
植物圖鑑
FISHING

GRANOLA
FRUIT
Crêpe